【现代农业科技与管理系列】

乡村主要珍贵树种培育

主　　编　许成林
副 主 编　张利萍
编写人员　许成林　张利萍　许　强
　　　　　汪忠健　夏迎春

时代出版传媒股份有限公司
安徽科学技术出版社

图书在版编目(CIP)数据

乡村主要珍贵树种培育 / 许成林主编. --合肥:安徽科学技术出版社,2023.12
助力乡村振兴出版计划. 现代农业科技与管理系列
ISBN 978-7-5337-8647-2

Ⅰ.①乡… Ⅱ.①许… Ⅲ.①珍贵树种-栽培技术 Ⅳ.①S79

中国版本图书馆 CIP 数据核字(2022)第 235228 号

乡村主要珍贵树种培育 主编 许成林

出 版 人:王筱文 选题策划:丁凌云 蒋贤骏 余登兵 责任编辑:周璟瑜
责任校对:程 苗 责任印制:廖小青 装帧设计:王 艳
出版发行:安徽科学技术出版社 http://www.ahstp.net
(合肥市政务文化新区翡翠路 1118 号出版传媒广场,邮编:230071)
电话:(0551)63533330
印 制:安徽联众印刷有限公司 电话:(0551)65661327
(如发现印装质量问题,影响阅读,请与印刷厂商联系调换)

开本:720×1010 1/16 印张:9.5 字数:128 千
版次:2023 年 12 月第 1 版 印次:2023 年 12 月第 1 次印刷

ISBN 978-7-5337-8647-2 定价:43.00 元

出版说明

“助力乡村振兴出版计划”(以下简称“本计划”)以习近平新时代中国特色社会主义思想为指导，是在全国脱贫攻坚目标任务完成并向全面推进乡村振兴转进的重要历史时刻，由中共安徽省委宣传部主持实施的一项重点出版项目。

本计划以服务区域乡村振兴事业为出版定位,围绕乡村产业振兴、人才振兴、文化振兴、生态振兴和组织振兴展开,由《现代种植业实用技术》《现代养殖业实用技术》《新型农民职业技能提升》《现代农业科技与管理》《现代乡村社会治理》五个子系列组成,主要内容涵盖特色养殖业和疾病防控技术、特色种植业及病虫害绿色防控技术、集体经济发展、休闲农业和乡村旅游融合发展、新型农业经营主体培育、农村环境生态化治理、农村基层党建等。选题组织力求满足乡村振兴实务需求,编写内容努力做到通俗易懂。

本计划的呈现形式是以图书为主的融媒体出版物。图书的主要读者对象是新型农民、县乡村基层干部、“三农”工作者。为扩大传播面、提高传播效率,与图书出版同步,配套制作了部分精品音视频,在每册图书封底放置二维码,供扫码使用,以适应广大农民朋友的移动阅读需求。

本计划的编写和出版,代表了当前农业科研成果转化和普及的新进展,凝聚了乡村社会治理研究者和实务者的集体智慧,在此谨向有关单位和个人致以衷心的感谢!

虽然我们始终秉持高水平策划、高质量编写的精品出版理念，但因水平所限仍会有诸多不足和错漏之处，敬请广大读者提出宝贵意见和建议,以便修订再版时改正。

本册编写说明

实施乡村振兴战略，是以习近平同志为核心的党中央对“三农”工作做出的重大决策部署，是决胜全面建成小康社会、全面建设社会主义现代化国家的重大历史任务。

习近平总书记指出，“绿水青山就是金山银山”，“林业是事关经济社会可持续发展的根本性问题”。统筹山、水、林、田、湖、草系统治理，推行乡村绿色发展方式，有利于构建人与自然和谐共生的乡村发展新格局，实现百姓富、生态美的统一。

广袤的乡村是生态涵养的主体区，是生态产品的重要供给者。珍贵树种在促进地方经济社会发展、提升生态景观质量、弘扬森林生态文化等方面有着积极而独特的作用。开展珍贵树种培育工作，是增加森林资源储备、保障重要林产品供给的现实需求，更是实现林业高质量发展、美丽中国建设和乡村振兴战略的重要内容。

为充分发挥珍贵树种的价值，引导珍贵树种培育，特别是在服务乡村振兴战略中发挥积极作用，本书选择了国家林业局印发的《中国主要栽培珍贵树种参考名录(2017年版)》中的部分树种，在借鉴和参阅前人研究成果和资料的基础上，结合林业生产实践，介绍珍贵树种的形态特征、生物学特性和经济价值，阐述其育苗、造林和抚育等成熟技术模式，以期对扩大珍贵树种培育规模，提升培育质量，提高培育效益，指导乡村林业产业和生态发展有所帮助。

本书在编写过程中，得到了安徽省委宣传部、安徽农业大学的大力支持，以及黄山市黄山区林业局汪忠健高级工程师的协作，在此深表诚挚的谢意。

目 录

第一章 苗圃地建立

第一节 苗圃地选址

一 交通条件

苗圃地的选址首先要考虑交通条件，选择在交通便利、管理方便的地段。最好距离造林地较近，这样可以避免苗木长距离运输，从而提高造林成活率。

二 自然条件

1.地形

苗圃地的地形要相对平整，宜选择在地势平坦、坡度3°以下、排水良好的地段。在土壤黏重和降水量较大的地区，地势不宜过度平坦，适度缓坡（3°~5°）有利于排水。

2.土壤

苗圃地的土壤以具有团粒结构的沙质壤土和轻黏壤土为宜，酸碱度以中性为佳。在土壤养分方面，因树种不同而对土壤要求各异。

3.水源

苗圃地要求靠近水源，灌排条件良好，水的含盐量以不大于0.15%为宜。地下水位以1.5~2.5米为宜，水位过高会导致苗木后期贪青徒长，木质化慢；水位过低会增加灌溉工作量，增加育苗成本。

第二节　苗圃地区划

一 生产区

苗圃的生产区是直接培育苗木的地段，一般包括播种苗区、无性繁殖苗区、移植苗区等。各区大小可根据苗圃的规模、生产任务以及自然条件确定。

1.播种苗区

播种苗区是专门培育播种苗的生产区域，设立在地势平坦、管理便捷、背风朝阳的地块。

2.无性繁殖苗区

无性繁殖苗区是培育插条苗、埋根苗、分蘖苗和嫁接苗等无性繁殖苗木的生产区域。以扦插育苗为主要培育方法的，选址在土壤疏松肥沃、土层深厚、地下水位较高、通气良好、灌排管理便利的地块。

3.移植苗区

移植苗区是培育根系发达、苗干粗壮、苗龄较大苗木的生产区域。本阶段苗木根系较为发达，抵抗力强，在苗圃地内对地块的选择可相对粗放一些。

二 非生产区

苗圃的非生产区是指道路、灌排系统、生产管理用房等辅助用地区域。

1.道路

苗圃地内部道路的设计既要考虑车辆通行的可达性，又要力求尽量减少其占地面积。苗圃地内部道路包括主道、支道、步道和周围圃道。

主道是贯穿苗圃地内部的主要运输道路，一般情况下，大型苗圃的主道宽度为6~8米，中小型苗圃的主道宽度为2~4米。支道是通往各作业区的道路，宽2~3米。步道是根据苗圃地内部交通条件的具体情况设置的，宽0.5~1米。周围圃道是根据苗圃的需要设置的环苗圃道路，便于车辆快捷通行。

2.灌排系统

灌排系统包括灌溉系统和排水系统。灌溉系统主要包括水源、提水和输水系统。对苗圃布局影响最大的是输水系统。输水渠道分为主渠和支渠。主渠的作用是直接从水源引水供给整个苗圃地的用水，规格较大，宽1~3米；支渠是从主渠引水供应苗圃某一耕作区用水的渠道，规格较小，宽0.8~1.5米。渠道的具体规格因苗圃灌溉面积和一次灌水量等不同而各异，建设原则是能保证干旱季节以最佳效果供应苗圃灌水，而又不过多占用土地。渠道的比降为0.003~0.007。传统的明渠容易建设、成本低，缺点是浪费土地、渗漏多、管理和耕作不便。现代化的苗圃应采用管道输水和喷灌系统。排水系统主要由堤坝、截流沟和排水沟组成。排水沟设在地势较低的地方，如道路两旁。排水沟的规格可根据降水量、地形和土壤条件而定，以保证汛期能较快排出积水又少占土地为原则。一般主沟深0.6~1米，宽1~1.5米；支沟深0.3~0.5米，宽0.8~1米。灌排系统应综合考虑，并结合道路网统一建设。

3.生产管理用房

生产管理用房包括房屋、场院、仓库、机房等，用于存放机械、车辆、农药、种子、肥料、油料等。生产管理用房建设要从有利于生产和管理出发，统一合理安排和布局，一般选择建设在地势较高、便于管理、交通方便的地方。

第二章 营造林关键措施

第一节 造林整地

造林整地是造林前清除造林地上的植被或采伐剩余物，并以翻垦土壤为主要内容的一项生产技术。造林整地对于苗木的成活、保存和以后的生长发育都具有积极的影响。

在干旱少雨、水土流失严重的地区，整地不仅是一项营林措施，也是一项投资少而效果显著的水土保持工程。在高温多雨、阳光充足的山地，整地是保证造林成活和林木顺利生长的重要技术措施。因为这些地方地表杂草丛生、茎叶繁茂，地下根系盘结，既是人工造林的主要障碍，也是危害幼树生长的主要因素。

一 造林整地的作用

造林整地能够清除林地的地表植被、改变微地形、翻动和熟化土壤，从而改善造林地的光热条件和土壤的理化性质，减少杂草和病虫害，提高造林成活率，促进幼树生长发育。

二 造林整地的方式

造林整地有全面整地、带状整地和块状整地三种方式。

1.全面整地

全面整地是全部翻垦造林地的整地方法，适用于地势平缓、杂草丛生、土壤板结的地块。

2.带状整地

带状整地是在造林地上呈长条状翻垦林地土壤，并在翻垦带间保留一定宽度的原有植被的整地方法。带状整地主要用于地势平坦、无风蚀或风蚀轻微的地块。在山地进行带状整地时，翻垦带的方向要沿等高线保持水平。

3.块状整地

块状整地是块状翻耕造林地土壤的整地方法。块状整地灵活性大，可以因地制宜地适用于多种条件的造林地，主要应用于地形破碎、水土流失严重的地块。块状整地不易引起水土流失，整地成本较低，但是改善立地条件的效果相对差一些。

三 造林整地的时间

根据整地与造林是否同期，造林整地的时间可分为随整随造和提前整地。无论采用何种整地方式，人们长期总结出的经验是“要使效果好，就要整得早”。所谓“整得早”，就是在造林前一年或半年进行整地，至少也要提前一个季节。提前整地使土壤有充分的熟化和蓄积水分的时间，这样造林才会取得良好的效果。随整随造有时反而会起负面作用，如使土壤更加干旱。

除土壤冻结期外，造林整地全年都可进行。夏季整地，由于温度高、杂草种子尚未成熟，杂草翻入地下容易腐烂，而且雨季即将来临，有利于改良土壤结构，增加蓄水保墒能力。秋季整地，杂草种子可以被埋入土壤，而入土越冬的幼虫被翻到地面上，有利于消灭杂草和害虫；同时，经过冬季冻融,可使土壤结构得到有效的改善。

第二节 幼林抚育

幼林抚育是指在造林后至林分郁闭前这一段时间里所采取的各种技术措施。

幼林期苗木对外界不良因素的抵抗能力差，因此必须创造优越的环境条件,来满足幼树对水、肥、气、热、光等生长因子的需求,使之迅速生长并达到较高的成活率和保存率,实现及时郁闭。

幼林抚育的技术措施主要有松土、除草、整枝、平茬、补植等。

一 松土

松土是幼林抚育的重要措施。松土的目的是减少地表水分蒸发、保持土壤水分、改善土壤通气状况,从而促进林木根系发育。

二 除草

除草的目的是排除杂草对幼树光照和土壤水分的竞争，因为这种竞争往往是导致幼树生长不良甚至死亡的重要原因。造林后松土除草必须连续进行几年,直到林分郁闭为止。

三 整枝

整枝是一项改善林木干形、促进生长、减少病虫害发生的抚育措施。整枝一般从造林后第二年开始。整枝必须适度,一般留树冠的三分之二,严禁过度整枝。过度整枝会缩小林木的光合面积,影响树木正常生长发育。

四 平茬

当幼树的地上部分由于某些原因（干形弯曲、机械损伤、霜冻、病虫害、树干枯死等）而生长不良，丧失培育前途，同时该树种具有较强的萌生能力时，就可以切去幼树上部，促使其产生新的茎枝，这个措施称为平茬。

平茬的主要目的是培育良好的主干，同时也能够促进灌木丛生，使其充分发挥水土保持的作用。平茬还可以使能源林获得更高的生物量。

五 补植

造林后如果发生部分苗木死亡的情况，为了保证一定的造林密度，促使林分整体生长，必须进行补植。补植最好用大苗，在当年秋季或者第二年春季进行。

第三章 红木类树种

第一节 青钩栲

青钩栲，壳斗科锥属树种。

一 形态特征

1.树型

乔木，高达28米，胸径30~80厘米。

2.树干

树皮纵向带浅裂，老树皮脱落前为长条（长达20厘米），如蓑衣状挂在树干上。

3.枝叶

嫩叶与新生小枝近乎同色，成长叶为革质，呈卵形或披针形，长6~12厘米，宽2~5厘米，顶部长而尖，基部呈阔楔形或近乎圆形，对称或一侧略短且偏斜，全缘，很少在近顶部有1~3枚小裂齿，中脉在叶面平坦或上半段微凹陷，近基部一段稍凸起，侧脉每边9~12条，网状叶脉明显，两面同色。叶柄长1~2.5厘米。枝叶均无毛。

4.花

雄花序多为圆锥花序，花序轴被稀疏短毛，雄蕊10~12枚。雌花序无

毛，长5~10厘米，花柱2或3枚，不到1毫米长。

5.果实

壳斗有坚果1个，圆球形，连刺直径60~80毫米，刺长20~30毫米，合生至中部或中部稍下成放射状多分枝的刺束，将壳壁完全遮蔽，成熟时4瓣开裂，刺被稀疏短毛或无毛，壳斗内壁密被灰黄色长茸毛。坚果呈扁圆形，高12~15毫米，直径17~20毫米，密被黄棕色伏毛，果脐面积占坚果总面积的三分之一。

二 生物特性

1.物候期

青钩栲的花期为3—4月，果实在次年8—10月成熟。

2.生态习性

青钩栲是中性偏喜光、深根性树种，冠幅较宽，枝叶浓密，抗火性强。幼苗耐阴，怕日灼，成林需光量大，喜生于高温多雨、湿度大的山区。

三 经济价值

青钩栲是培育大径级优质珍贵用材的良好树种。木材为环孔材，年轮分明；心材大，呈深红色，湿水后更鲜红；质地重，有弹性，自然干燥不收缩，少爆裂，易加工，是优质的家具及建筑用材。

四 苗木繁育

1.采种

青钩栲结实呈现明显的大小年现象，一般每隔2~3年出现一次。每年11月果实开始陆续成熟，壳斗开裂，可于地上拾取或用竹竿敲落。拾取的种子经水选晾干后贮藏，切忌暴晒。

种子含水量高，必须湿藏，以保持种子含水量。一般可用河沙贮藏，沙的湿度以手触有湿感、握能成团、松开即散为度。贮藏时，一层种子（厚2~3厘米）一层沙，沙的厚度以不见种子为宜。

2.育苗

青钩栲可采取播种育苗。选择土层深厚、肥沃、湿润、排水良好、直射光少的地方作为育苗的苗圃地。苗圃地耕翻时同步消毒，以防地下害虫与病菌滋生。

播种密度为每米播种沟播撒种子15~20粒。覆土厚度以覆盖种子2厘米为宜。在上面盖草，可保温、保湿及控制杂草滋生。

幼苗出土三分之一时揭除覆盖的草。幼苗特别脆嫩，应适当遮阴以防日灼。至七八月，幼苗半木质化、生长密集拥挤时开始间苗，间苗密度为50~60株/米^2。

1年生苗较弱，造林成活率低，一般不出圃造林。2年生苗高60厘米以上，地径0.7厘米左右，可用于出圃造林。

五 林木培育

1.造林

采用块状穴垦整地，造林穴规格为60厘米×40厘米×40厘米（长×宽×深）。

营造纯林的初始造林密度（初植密度）为1600~1800株/公顷。

提倡营造混交林。混交树种可选择杉木、马尾松、木荷等。混交比例一般为3:7，即青钩栲占30%左右，其他树种占70%左右。混交方式以行带或星状混交为宜。

植苗造林时采用裸根苗造林，将苗木枝叶先行剪去三分之二的叶片和过长的主根，做到随起苗，随修剪，随造林。栽植要做到根系舒展，适当

深栽。

造林时间以冬至到第二年立春期间为宜，选择土壤湿透后的阴天或小雨天气为好，忌在土壤未湿透或连续晴天造林。

2.抚育

造林后每年抚育2次，分别为4—6月和8—10月，连续抚育3年。

第2年或第3年上半年结合松土除草，每株施复合肥100~150克作为追肥。第5年、第6年深翻扩穴和除草各一次，直至郁闭成林。幼林郁闭后4~5年进行第一次疏伐，间伐强度为30%左右，伐去被压木，保留郁闭度为0.6较好。

培育大径材时，后期再进行1~2次抚育间伐。

第二节　苦槠

苦槠（图3-1），壳斗科锥属树种。

图3-1　苦槠

一 形态特征

1.树型

乔木，高达15米，胸径30~50厘米。树皮浅纵裂，片状剥落。

2.枝叶

小枝呈灰色，散生皮孔，当年生枝呈红褐色，枝、叶均无毛。叶二列，叶片革质，呈长椭圆形、卵状椭圆形或兼有倒卵状椭圆形，长7~15厘米，宽3~6厘米，顶部渐尖或骤狭急尖，短尾状，基部近圆形或宽楔形，通常一侧略短且偏斜，叶缘在中部以上有锯齿状锐齿，中脉在叶面至少下半段微凸起，上半段微凹陷，支脉明显或非常纤细，成长叶的叶背为淡银灰色。叶柄长1.5~2.5厘米。

3.花

雄穗状花序通常单穗腋生，雄蕊10~12枚。雌花序长达15厘米。

4.果实

果序长8~15厘米，壳斗有坚果1个，偶有2~3个，圆球形或半圆球形，全包或包着坚果的大部分，直径12~15毫米，壳壁厚不超过1毫米，不规则瓣状爆裂，小苞片鳞片状，大部分退化并横向连生成脊肋状圆环，或仅基部连生，呈环带状凸起，外壁被黄棕色微柔毛。坚果近圆球形，直径10~14毫米，顶部短而尖，果脐位于坚果的底部，宽7~9毫米，果有涩味。

二 生物特性

1.物候期

苦槠的花期为4—5月，果实在当年10—11月成熟。

2.生境

苦槠常生长在丘陵、山坡，喜与杉、樟混生。

三 经济价值

苦槠木材纹理直、结构细密，材质坚韧、富有弹性，耐湿，可作为建筑、运动器材、家具等用材，其枝丫是优良的食用菌培养材料。

苦槠生长适应性好，在林业生产中可作为营造防火林带的树种。

苦槠坚果富含淀粉，可制作豆腐等多种原生态食品，具有通气解暑、去滞化瘀等功能。

四 苗木繁育

苦槠可采用播种育苗，随采随播或沙藏后春播。

播种沟深3~5厘米，每5~7厘米用种1粒，播种量约900千克/公顷。播种时果脐向下放置于土壤中，覆2~3厘米厚的细土，浇透水后盖上稻草或地膜。

种子采后即播，于第二年春天3月出土，春播则会推迟到4—5月出土。约三分之一出苗后，可揭去稻草或地膜，搭遮阴棚以60%遮阳网遮阴，适时浇水以保持土壤水分和空气湿度。

当年6—9月追肥，用总养分25%的复合肥稀释200~300倍喷施，适时除草。8月中下旬切断主根以促进须根发育，结合切根可进行间苗和选苗或移入容器，间苗后保持株距10~15厘米、苗高一致。1年生苗高在30~50厘米。

五 林木培育

1.造林

（1）造林地选择

较好的造林地是土层深厚和腐殖质含量高的沙土、沙壤土、轻壤土，

pH为5~6,土壤排水条件较好。

(2)整地和栽植

采用块状整地或穴垦,穴的规格为60厘米×60厘米×40厘米。

春季造林以2—3月芽未萌动前起苗栽植为宜，选择阴天或小雨天气栽植。裸根苗起苗后剪除2~3片叶片、离地面30厘米以下的侧枝和过长的主根，浆根时用黄心土和钙镁磷肥按10:1配比并加微量生根粉混合成的泥浆,及时包装,随运随栽。栽植时采用“三埋两踩一提苗”(指在栽植过程中,埋土三次,踩实两次,将苗木向上适度提起一次)的造林方法。栽植容器苗时,要注意解袋时谷器内的土壤不能解散,栽植过程中轻踩,不要提苗。

(3)造林密度

营造用材林,株行距2米左右,密度控制在2700~3300株/公顷;培育大径材的密度适当减小;培育食用菌林的密度要大一些。

营造果用林,株行距可选择4米×5米或5米×6米,密度为300~450株/公顷。

提倡营造混交林,混交林伴生树种可选木荷、甜槠、青冈等。

2.抚育

苦槠造林后3~5年内生长较慢，幼林郁闭前每年要锄草松土2~3次，在生长高峰期和雨水较少时进行,一般在5—6月及8—9月。

苦槠幼苗见光后萌芽枝较多,要进行适当抹芽和修枝,及时去除根颈处的萌芽枝、树干上的霸王枝及树冠下受光较少的枝条,以保证主干顶梢生长。

果用林培育时要及早去除顶梢,培育3~4个主枝;郁闭后视培育目的进行疏枝。

第三节 青冈栎

青冈栎，壳斗科青冈属树种。

一 形态特征

1.树型

常绿乔木，高达20米，胸径可达1米。

2.枝叶

叶片革质，呈倒卵状椭圆形或长椭圆形，长6~13厘米，宽2~5.5厘米，顶端渐尖或短尾状，基部呈圆形或宽楔形，叶缘中部以上有疏锯齿，侧脉每边9~13条，叶背支脉明显，叶面无毛，叶背有整齐平伏白色单毛。叶柄长1~3厘米。

3.花

雄花序长5~6厘米，花序轴被茸毛。

4.果实

果序长1.5~3厘米，着果2~3个。壳斗碗形，包着坚果1/3~1/2，直径0.9~1.4厘米，高0.6~0.8厘米，被薄毛。小苞片合生成5~6条同心环带，环带全缘或有细缺刻，排列紧密。坚果呈卵形、长卵形或椭圆形，直径0.9~1.4厘米，高1~1.6厘米，无毛或被薄毛；果脐平坦或微凸起。

二 生物特性

1.物候期

青冈栎的花期为4—5月，果实成熟期为10月。

2.生境

青冈栎生于海拔60~2600米的山坡或沟谷，组成常绿阔叶林或常绿阔叶与落叶阔叶混交林。

三 经济价值

青冈栎是优质硬木用材树种，木材纹理直、强度高、冲击韧性高，耐腐、耐磨损。木材油漆性能好、花纹美丽、硬度大，适于用作木地板、家具、走廊扶手、仪器盒箱等。青冈栎还是营造能源林的优选树种。青冈栎树皮及壳斗可提取单宁。树皮含鞣质16%，壳斗含鞣质10%~15%，可制栲胶。青冈栎种子含淀粉60%~70%，脱涩后可供食用。青冈栎枝叶浓密，叶质厚，具有防风阻燃的作用，是营造防火林带的理想树种之一。青冈栎的枝丫、木屑是培育香菇、黑木耳等食用菌的优良原料。青冈栎适生于湿润且较阴暗的山涧地带，在岩石裸露处也能生长，因此，还是理想的水源涵养林造林树种。

四 苗木繁育

1.播种育苗

青冈栎的种子活力强，发芽率高。青冈栎幼苗喜阴耐湿，圃地宜选择在土层深厚、疏松、肥沃、排水良好的山垄或平缓的山坡下部。

苗床高度一般在25厘米以上。春播或冬播育苗均可，播种方法应以沟状条播为宜，播种沟深3~8厘米，条播行距15~25厘米，每米播种沟播种子40~50粒，播种密度约1125千克/公顷。播种后用火烧土、细沙和稻草覆盖，覆土厚度2~3厘米。

2.容器育苗

将配好的营养土粉碎后过筛，装入直径12厘米的容器钵。每钵播1粒，也可催芽后播种。播种时先打2~3厘米深的洞再播种，播种后放在遮阳率为60%的遮阳网下，适度喷水，保持土壤表面湿润，到9月后可以解除遮阳网。

3.苗期管理

幼苗出土达三分之一时揭草。如果揭草过迟，会造成幼苗被压，苗茎弯曲，影响苗木的生长质量。

青冈栎幼苗初期生长很缓慢，苗茎幼嫩，易发生日灼，因此，要搭遮阴棚遮阴。

出苗后，间苗不可过度，适当增加留苗密度可减轻灼伤，床面留苗密度在140株/米^{2}左右比较适宜。

青冈栎幼苗仅有发达的主根，侧根不发达。在幼苗生长初期截断主根，可促进侧根发育，提高造林成活率。但是切根要在苗木出土后长出真叶时才可进行，过早切根效果不明显，过迟则影响苗木生长。

在施肥的情况下，幼苗第一年可长到30厘米，地径0.5~1厘米，2年生苗可出圃造林。

五 林木培育

1.造林

在造林前的冬季整地，整地挖穴规格为50厘米×40厘米×40厘米。造林时间以大寒至来年立春期间最为适宜，若土壤湿润，可提前到初冬进行。

青冈栎1年生幼苗主根特别发达，侧根稀弱，植树造林前苗木应进行修枝剪叶（剪去枝叶三分之二和过长的主根），选择阴天或小雨天气随起苗随栽植，并做到深栽（埋土至根颈上5厘米）。

青冈栎具有萌芽力强的特性，长途运输的苗木，为了减少蒸腾失水，可以采用截干造林，切干部位离苗木基部10厘米为宜。

2.抚育管理

青冈栎造林后至林分郁闭之前，应加强幼林抚育管理。连续抚育3年，每年除草松土2次，抚育时间在5—6月或8—9月，有条件的也可适当施肥。

生长过程中，青冈栎容易形成多个顶梢，影响主干生长。因此，培育青冈栎用材林时，要在造林后前几年注意抹芽和去除次顶梢，确保主梢生长。抹芽时将树干高三分之二处以下的芽全部抹除。

青冈栎侧枝发达，自然整枝弱，幼林郁闭后要适当修枝，改善林内透光率，促进主干生长。修枝应及早进行，否则伤口不易愈合，易腐烂，影响干材质量。修枝从晚秋到早春均可进行。

青冈栎新造林林分郁闭后，林木出现分化时，应适时进行疏伐。按留优去劣、留稀去密的原则，间伐被压木、弯曲木和被害木。间伐时间根据经营目的、造林密度及生长状况而异，一般在树木年龄为10年生左右。

第四节　华东楠

华东楠，樟科润楠属树种。

一　形态特征

1.树型

大乔木，高达30米，树干通直。

2.枝叶

小枝被黄褐或灰褐色柔毛。叶革质，椭圆形，少为披针形或倒披针形，

长7~11厘米，宽2.5~4厘米，先端渐尖，尖头直或呈镰状，基部楔形，最末端钝或尖，上面光亮无毛或沿中脉下半部有柔毛，下面密被短柔毛，脉上被长柔毛，中脉在上面下陷成沟，下面明显凸起，侧脉每边8~13条，斜伸，上面不明显，下面明显。叶柄细，长1~2厘米。

3.花

聚伞状圆锥花序，被毛，长7~12厘米，纤细，在中部以上分枝，最下部分枝通常长2.5~4厘米，每个伞形花序有花3~6朵，一般为5朵。花中等大，长3~4毫米，花梗与花等长。花被片长3~3.5毫米，宽2~2.5毫米，外轮呈卵形，内轮呈卵状长圆形，先端钝，两面被灰黄色长或短柔毛，内面较密。子房为球形，无毛或上半部与花柱被疏柔毛，柱头盘状。

4.果实

果呈椭圆形，长1.1~1.4厘米，直径6~7毫米。宿存花被片卵形，革质，两面被短柔毛或外面被微柔毛。

二 生物特性

1.物候期

华东楠的花期为4—5月，果实成熟期为9—10月。

2.生境

华东楠喜生长在排水良好的壤土或沙壤土上，也可生长在溪沟边的砾质土壤上。土壤水分是制约华东楠生长的重要环境因子。华东楠萌芽更新能力强，幼树在阴坡多于阳坡，在溪沟两侧多于山坡，其更新及生长在常绿落叶阔叶混交林中的表现要优于常绿阔叶林中。

三 经济价值

华东楠木材纹理通直，结构细密，耐腐蚀，硬度适中，容易加工，心材为红褐色，无特殊气味。其纹理交错，削面光滑美观，干燥后不易变形，是优良的胶合板和装饰单板原料，广泛应用于家具制作和建筑装饰，也是雕刻和精密木模的良材。

华东楠木材纤维长度长、木质素含量低、纤维素含量高，是造纸、纤维工艺的优良用材树种。

华东楠的树皮还可提炼胶质、褐色染料和单宁，用于制作润发剂、胶黏剂和特殊选矿剂、熏香调和剂。种子含油率达50%，榨油可制作蜡烛、肥皂、润滑油等。树叶制成的粉末称为香叶粉，可作为各种熏香、蚊香的黏合剂；树叶还可提取精油，是优良的天然香料，具有显著的抗菌、消炎和镇痛作用，还可抑制某些癌细胞的核糖核酸代谢，具有独特的药用价值。

四 苗木繁育

1.播种

华东楠可春播也可秋播，播种方式有点播和条播两种，行距15~20厘米，株距8~10厘米，播种密度225~300千克/公顷。为了促使发芽整齐、提前出土，播种前可用35℃左右温水浸种24个小时，然后下种。播种后覆盖1~1.5厘米的黄心土或火烧土，再覆盖稻草，以保持苗床湿润。

2.苗期管理

播种后，一般8~15天开始出苗，待60%~70%的幼苗出土后，揭除覆盖物。华东楠的幼苗耐阴，不耐强光和高温，需搭建遮阴棚，用40%的遮阳网遮阴即可，防止幼苗茎叶被灼伤。

幼苗出土后，田间管理要精细，应及时进行除草、松土、施肥、灌溉和防治病虫害等常规管理工作。

在幼苗期，如幼苗过密，可进行幼苗移栽。为提高移栽成活率，可剪去三分之一主根和部分叶片，以减少水分蒸腾和促进根系生长。移栽株行

距为10厘米×20厘米，移栽后及时浇水，确保幼苗成活。

苗木速生期为6—8月，在此期间要加强水肥管理，以加快苗木生长速度，提高苗木生长质量。在速生期的前期以水施0.5%~1%的尿素为主，后期以水施1%的复合肥为主，9月后停施氮肥，多施磷、钾肥。9月中旬拆去遮阴棚，促进苗木木质化，增强苗木抗逆性。10月中旬以后，适量追施0.1%磷酸二氢钾1~2次，防止抽梢生长，以利于苗木安全越冬。

华东楠1年生苗一般高20~30厘米，地径0.25~0.45厘米，可以出圃造林。用1年生苗造林，其造林成活率要比用2年生苗造林提高10%~15%。如果当年生苗木苗高达不到20厘米、地径在0.3厘米以下，应留床1年，继续培育，待2年生苗高超过40厘米、地径超过0.6厘米后，再出圃造林。

3.大苗培育

开展大苗培育时，将1年生苗起苗后，先进行苗木分级，按不同规格对苗木进行分区移植，以便于管理。1年生苗木移植，按株行距60厘米×80厘米定植。培育3年后再移植1次。为了提高移植成活率，应适当带宿土移植，按1.2米×1.6米的株行距进行定植。再经过3~4年培育，树高达3.5米，胸径4~5厘米，树冠匀称，即可作为绿化大苗使用。苗木移植宜在早春苗木萌动前进行，或选择梅雨季节开展，这样可以提高栽植成活率。

五 林木培育

1.造林地选择

根据华东楠的生物特性，其生长发育对土壤肥水条件要求较高，造林地宜选择土层深厚、排水良好的中性或酸性的黄壤、黄红壤、红壤地，质地以沙壤至轻黏壤为宜，小地形宜选择山谷、阴坡至半阳坡，土层厚度在40厘米以上。

2.整地

整地应在造林前一年的秋季或冬季进行。整地方式要因地制宜，坡度在15°以下的缓坡造林地可全面整地，坡度在15°以上的造林地应采用局部整地，根据造林地的具体情况可采用带状或块状整地。带状整地时，垦复带宽度3~5米，保留带宽度1~2米。在山地陡坡造林，宜采用鱼鳞坑整地，整地深度应大于30厘米。土壤黏重的造林地需加大整地规格，可以起到良好的改良土壤效果。

3.造林

华东楠造林采用植苗造林，可选择1年生或2年生苗木，要求1年生苗木苗高不低于25厘米、地径0.3厘米以上，2年生苗木苗高50厘米、地径0.6厘米以上。苗木应生长健壮，根系完整，没有病虫害和损伤。造林时尽量做到随起苗随造林。裸根苗造林，起苗后及时蘸泥浆。造林时，严格做到苗正、根舒、适当深栽、分层踏实等，确保造林成活率。

考虑到华东楠属于珍贵阔叶树种，适宜长周期经营，应低密度造林，避免高密度造林造成间伐损失。造林密度以株行距2米×3米为宜，造林时采用穴栽法，三角形配置。栽植穴规格为50厘米×50厘米×30厘米，适当施基肥，每穴施半腐熟有机肥1.5~2千克或缓释复合肥300~400克。

4.抚育

(1)幼林抚育

由于华东楠造林初期生长缓慢，易遭杂草竞争而影响成活和正常生长，因此，在造林后需加强幼林抚育管理。

造林后3年内，每年进行2次除草松土，分别于5—6月和8—9月实施，山坡下部及山谷杂草繁茂地带还应适当增加抚育次数。抚育方式为全抚或块状抚育。也可实行林农间作，以豆类矮秆作物为好，严禁间作藤蔓作物。间作1~3年，若种植绿肥可适当延长间作时间。华东楠幼龄时严禁打

枝，抚育时不能损伤树皮，否则会显著减弱其生长势。当林分基本郁闭后，经营条件好的林地可陆续挖取一部分幼树用于园林绿化。

(2)抚育间伐

间伐时间和强度与造林密度、经营目的密切相关，华东楠作为珍贵用材树种，以培育大径材为主，间伐年龄及强度以不影响林分生长为原则。如株行距为2米×3米时，15年生左右郁闭，18~20年生时首次间伐，采用隔株间伐，强度50%，间伐后的株行距为4米×3米。

第五节　花榈木

花榈木，豆科红豆属树种。

一 形态特征

1.树型

常绿乔木，高16米，胸径可达40厘米。

2.枝叶

树皮呈灰绿色，平滑，有浅裂纹。叶长13~32厘米，具5~7小叶。小叶革质，呈椭圆形或长圆状椭圆形，长4~13厘米，先端钝或短尖，基部圆或宽楔形，上面无毛，下面及叶柄均密生黄褐色茸毛，侧脉6~11对。小枝、花序、叶柄和叶轴密被锈褐色茸毛。

3.花

圆锥花序顶生，或总状花序腋生，长11~17厘米，密被淡褐色茸毛。花长2厘米，直径2厘米。花梗长7~12毫米，花萼钟形，5齿裂，裂至三分之二处，萼齿三角状卵形，内外均密被褐色茸毛。花冠中央呈淡绿色，边缘呈绿色微带淡紫色。花丝呈淡绿色，花药呈淡灰紫色。子房扁，沿缝线密被淡褐色长毛。胚珠9~10粒，花柱为线形，柱头偏斜。

4.果实

荚果扁平，长椭圆形，长5~12厘米，宽1.5~4厘米，顶端有喙，果颈长约5毫米，果瓣革质，厚2~3毫米，紫褐色，无毛，有种子4~8粒。种子椭圆形或卵形，长8~15毫米。种皮鲜红色，有光泽，种脐长约3毫米，位于短轴一端。

二 生物特性

1.物候期

花榈木的花期为7—8月，果实成熟期为10—11月。

2.生境

花榈木喜生于海拔100~1300米的山坡、溪谷两旁的杂木林内，常与杉木、枫香、马尾松、合欢等树种混生。

三 经济价值

花榈木心材呈红褐色，材质致密硬重、纹理美丽、芳香有光泽、耐腐蚀、削面光滑，是制作各种珍贵高档红木家具及特种装饰品等的上等材料。花榈木树皮青绿光滑、四季常青、繁花满树、荚果吐红、树姿优美，适合庭园美化种植，或者城市绿化种植，是优质的园林景观树种。花榈木根、皮、枝、叶均可入药，有解毒、通络、祛风湿、消肿痛的功能。根部具有能固氮的根瘤菌，可以改良土壤，促进与之混交的其他树种生长。

四 苗木繁育

花榈木繁育主要采用播种育苗方式。

1.采种

选择25年生以上、生长健壮、干形通直、无病虫害的植株作为母树。每年12月，当花榈木果皮由黄绿色变成黄褐色时可进行采种。果实采回后阴干，使其全部裂开，种子从果壳内掉出来，或将果荚揉碎，除去果荚边缘获得种子，干燥，切忌暴晒。平均每千克有种子1000~1300粒，随采随播，否则会影响出芽率。种子采用沙藏方式或置于冷库贮藏，贮藏期间注意种子的温度、湿度。

2.播种

播种苗圃地以地势平缓、水源充足、排水良好、土层深厚肥沃的沙质壤土或轻壤土为好。于初冬时节深翻圃地，播种前做到"两犁两耙"，保证土壤精细、疏松。播种前整平苗床，每亩（1亩约为666.7平方米）施复合肥50千克、钙镁磷肥100千克做基肥，浇透水，床面喷洒高锰酸钾、托布津或1000倍的50%多菌灵，并翻动土壤，然后开沟，沟距约25厘米，沟深约8厘米，种子间距约8厘米。

一般选在每年的3月初播种。播种前用40℃温水浸种24小时，然后将种子倒入簸箕中，盖上稻草，每天用30℃温水浇淋种子催芽，一般需3天。待种子长出胚根后，将种子的胚根朝下放好，覆土4厘米，浇透水后均匀覆盖一层薄稻草或秸秆，防止阳光暴晒，保持土壤温度、湿度。播种后应加强苗圃的田间管理，雨天要及时清沟防涝，旱时要及时浇水保湿。一般40天之内即可发芽，发芽率在80%以上，而未经催芽处理的种子发芽时间可能需要几个月，甚至1~2年之久。

3.苗期管理

花榈木苗出土后必须立即遮阴，一般而言，对苗木遮阴的时间为60天左右，最多不能超过90天。

苗木生长初期（5月至6月上旬），应及时除草、松土，定期施肥，每月喷施1次0.1%尿素溶液，以促进苗木快速生长。梅雨季节要及时清沟排水。

苗木生长盛期（6月中旬至9月中旬），天气晴朗时要及时浇水保湿，每15天左右要追施复合肥、尿素和草木灰等，施肥一般在距离苗木根部20厘米左右处，采用沟施或者穴施。

苗木生长后期（9月下旬至11月），停止施肥，前期可每隔半个月喷施1次0.2%~0.5%的磷酸二氢钾溶液，并减少浇水次数，促进苗木木质化，以保证安全过冬。

五 林木培育

1.造林

（1）整地

选择土层深厚、肥沃、水分充足的山坡下部、山洼及河边冲积地为造林地。在造林前一年冬季进行整地，使土壤充分风化，山地坡度超过20°的要开水平带。造林采用穴垦，穴规格为50厘米×40厘米×40厘米，株行距为2米×2米或2.5米×2.5米。

（2）造林

采用营养钵苗造林，成活率、保存率高。移栽造林不宜选在生长高峰期，按照“一提二踏三覆土”的栽植方法，将移栽苗竖放于穴内，并使根系自然展开，然后填埋一半土壤，待土壤盖满根部时轻提移栽苗，可使土壤和根系接触得更加紧密，同时踏实移栽苗四周的土壤，继续填埋土壤并再次踏实，最后填埋土壤成圆锥状以固定树体，避免其因外界干扰而倒伏。

2.抚育

（1）整形修枝

一般来说，修枝不超过树高的三分之一。花榈木易倒伏，进行抚育管理时，应在苗木旁插竹捆绑，促进主干垂直生长，以利于形成优良干材。

(2)间伐

幼林郁闭后4~6年进行第一次抚育间伐,强度为25%左右。采用下层抚育法,即伐除被压木,去密留疏。

第六节 红豆树

红豆树(图3-2),豆科红豆属树种。

图3-2 红豆树

一 形态特征

1.树型

常绿或落叶乔木,高达30米,胸径可达1米。

2.枝叶

树皮呈灰绿色,平滑。小枝为绿色,幼时有黄褐色细毛,后变光滑。冬芽有褐黄色细毛。羽状复叶,奇数,长12.5~23厘米,叶柄长2~4厘米,叶轴长3.5~7.7厘米,叶轴在最上部一对小叶处延长0.2~2厘米生顶小叶。

3.花

圆锥花序顶生或腋生，长15~20厘米，下垂。花疏，有香气。花梗长1.5~2厘米。花萼钟形，浅裂，萼齿三角形，紫绿色，密被褐色短柔毛。花冠白色或淡紫色。

4.果实

荚果，近圆形，扁平，长3.3~4.8厘米，宽2.3~3.5厘米，先端有短喙，果颈长5~8毫米，果瓣近革质，厚2~3毫米，干后呈褐色，无毛，内壁无隔膜，有种子1~2粒。种子近圆形或椭圆形，长1.5~1.8厘米，宽1.2~1.5厘米，厚约5毫米。种皮红色，种脐长9~10毫米，位于长轴一侧。

二 生物特性

1.物候期

红豆树的花期为4—5月，果实成熟期为10—11月。

2.生境

红豆树常生长在河旁、山坡、山谷林内。

三 经济价值

红豆树木材坚硬细致，纹理美丽，有光泽。边材不耐腐，易受虫蛀；心材耐腐蚀，是上等家具、工艺雕刻、特种装饰和镶嵌的珍贵用材。红豆树树体高大通直，端庄美观，枝叶繁茂多姿，且病虫害较少，是优良的庭园树种。其树根、皮、茎、叶、种子均可入药，具有理气、通经、止痛之功效。

四 苗木繁育

应选择土层深厚肥沃、水源充足、排水良好的沙质壤土地块作为育苗圃地。

播种时间以2—3月为宜，播种前进行选种、净种，并用0.5%福尔马林喷洒后，闷半个小时，再用清水漂洗，晾干后即播。

播种采用开沟条播的方法，沟距20厘米，沟深4~5厘米，种子间距7厘米，播种密度为225~300千克/公顷。

播种后立即用火烧土覆盖，覆土厚度一般为种粒直径的2~3倍。随后在床面上再盖上一层稻草，然后淋湿稻草，在种子萌发和苗木生长期间保持苗床湿润。播种后要加强苗圃的田间管理，及时做好雨天清沟排水和干燥天气的浇水保湿工作。一般在40天之内，通过催芽的种子可出土发芽，发芽率在85%以上。如不进行催芽处理，红豆树的种子发芽时间可能需要几个月，有的甚至需要1~2年。

五 林木培育

1.造林地选择

红豆树造林地适宜选择在海拔600米以下、土壤湿润肥沃的山坡地以及四旁地，以平原路旁、河岸两侧最为适合。

红豆树喜肥趋水，对立地条件要求高，造林地以土层深厚、肥沃为佳。

2.整地

秋冬季或春季造林前一个月进行林地清理，劈除灌木和杂草。整地方式宜采用块状穴垦，挖明穴、回表土，穴规格为60厘米×40厘米×40厘米。造林前每穴施钙镁磷肥0.25千克作为基肥。

3.造林

选择在1—2月红豆树冬芽萌动前的阴雨天进行造林，株行距2米×2米，以150~180株/亩为宜，纯林造林2500~3600株/公顷，混交林造林1800~2250株/公顷。红豆树适宜与杉、柏行带混交，如2~3行红豆树1行杉木。

造林前要适度修剪苗木的部分枝叶和过长根系，打好泥浆，保证栽植时苗正、根舒，深栽、压实，可提高成活率。因红豆树幼苗根际部位含有糖分，造林前要在苗木根部浇拌药浆，以预防鼠害。

4.抚育

红豆树幼树生长速度中等，造林后要加强前期管理，促进幼树生长发育。前4年每年除草、松土和抚育1~2次，第5年后每年抚育1次，直至幼林郁闭为止。

除草、松土要做到里浅外深，不伤害苗木根系，深度为5~10厘米。首次抚育时间为5—6月，以松土、除草、埋青为主，应及时割除幼树四周的杂草，结合扶苗、除蔓、除蘖、施肥、修枝与整形。第二次为8—9月，在杂草种子成熟前进行，全面割除杂草，并集中覆土填埋或清理出林地，消除火灾隐患。松土、除草抚育时要防止水土流失。

5.间伐

红豆树自然整枝能力差，幼林郁闭后要进行适当修枝，主要是修剪影响主干生长的部分侧枝。

幼林郁闭后的5~6年进行第一次抚育间伐，伐除被压木、枯死木及个别生长过密植株，间伐强度为20%~30%。

6.采伐更新

红豆树人工林材积增长速度在树龄14年后明显加快，纯林主伐更新年龄在40年左右，混交林的主伐更新年龄在30年左右。

第四章　落叶硬木类树种

第一节　元宝槭

元宝槭(图4-1),无患子科槭属树种。

一　形态特征

1.树型

落叶乔木,高达10米。

2.枝叶

小枝无毛，当年生枝绿色，多年生枝灰褐色，具圆形皮孔。冬芽小,卵圆形。鳞片锐尖,外侧微被短柔毛。单叶,5深裂,长5~12厘米,宽8~12厘米,裂片三角状卵形,基部平截,幼叶下面脉腋具簇生毛。叶柄长3~13厘米。

图4-1　元宝槭

3.花

伞房花序,顶生。雄花与两性花同株,萼片5片,黄绿色。花瓣5片,黄或白色。

4.果实

小坚果，果核扁平，脉纹明显，基部平截或稍圆，翅常与果核近等长，两翅间呈钝角。

二 生物特性

1.物候期

元宝槭的花期为5月，果实成熟期为9月。

2.生境

元宝槭多生长在疏林中。

三 经济价值

元宝槭树姿优美、叶形秀丽，入秋后叶片变色，红绿相映，甚为美观，是优良的庭园绿化和道路绿化树种。叶中含黄酮、类胡萝卜素和多种维生素，可精制加工成绿茶。种子粒大，种仁含油率高，含人体所必需的脂肪酸、亚油酸和亚麻酸，对肿瘤细胞有抑制作用。种子除含油脂外，还含人体必需的氨基酸，可供制作酱油和糖尿病患者食品。果壳中单宁含量为73.6%，单宁是优质鞣料和纺织印染的固色剂，同时具有抗菌消炎、镇静、抗凝等诸多药用价值。

四 苗木繁育

1.种子采集

播种育苗的种子应从10年以上、生长健壮的母树上采集。当翅果由绿色变为黄褐色时，可将果穗剪下或直接敲落收集，晒3~4天，风选去杂。新鲜种子的子叶为黄绿色，果皮为棕黄色，种皮为棕褐色，种仁为米黄

色，果实千粒重为125.2~175.5克。

2.播种育苗

(1)播种

元宝槭播种以春播为好，播种期为4月初至5月上中旬，进行条播，行距为30~40厘米，深度为3~5厘米，播种密度为225~300千克/公顷。播种后回填土，稍加镇压，最好在播种前灌底水，待水渗透后播种。播种后经2~3周可发芽，发芽后4~5天长出真叶，出苗盛期约5天，一周内可以出齐。6月幼苗生长增速，月平均生长量为8厘米左右；7月生长最快，月平均生长量达19.7厘米；8月平均生长量约17.5厘米；9月生长速度显著下降，仅长高3.5厘米左右。

(2)苗期管理

苗出齐后灌水1次，及时清除杂草。小苗长出2~3片小叶、苗高10厘米时可以间苗，间苗2~3次，定苗后立刻浇水培土，防止透风伤苗。根据土壤湿度定期浇水和追肥，6月至8月底加强水肥管理，2周左右浇1次水，一般20天左右追肥1次，施尿素10千克/(亩·次)左右。随着气温不断升高，喷洒65%的代森锌400~500倍液或1%的硫酸锌液，预防褐斑病。

3.扦插育苗

(1)插条处理

选择幼嫩枝条的中部作为插条。插条采回后，先用清水浸泡，然后截成一定长度(嫩枝12~15厘米，硬枝20厘米左右)的茎段，下切口削成单马耳形，硬枝上切口要求平滑，距第一个芽约1厘米。插穗下部的叶片要摘除，保留上部3~4片小叶或2片1/4~1/3的大叶。将处理过的插穗每30~50根为一组捆好，用生长素处理待用。

(2)扦插方法

使用嫩枝扦插，扦插前两天用0.5%高锰酸钾溶液喷淋沙床进行消毒。

扦插时先用与穗条粗细相当的小棍在沙床上戳一个深为3~5厘米的小洞，然后插入插穗并压实，株行距为5厘米×6厘米，浇足水，盖好草帘或塑料薄膜。根据光照、温度和湿度情况，不定期进行喷水、透风，保持棚内相对湿度为85%~95%，平均温度为20~28℃。

五 林木培育

1.造林

(1)造林地选择

元宝槭喜光、耐阴，喜温凉湿润气候，耐寒性强，但过于干冷则对其生长不利，因此应选择地势平缓、背风向阳、土层深厚、质地疏松、排水良好的地块造林。土壤为酸性土、中性土及石灰性土均可，以湿润、肥沃、土层深厚为佳。

(2)整地

元宝槭适应性强，既可营造纯林，也可与柏树、松树等多种树种混交造林。从水土保持和空间利用方面考虑，可采用带状或穴状整地。造林地坡度在5°以下时，可以全面整地，整地深度30~50厘米。坡度在5°~10°时，应采取水平沟整地，防止水土流失。整地时施腐熟的厩肥500~1000千克/公顷。

(3)造林

造林可选择在秋末冬初和春季进行，具体时间根据各地气候条件和土壤水分状况而定。

栽植时，采用穴状定植。栽植前挖好60厘米×60厘米×60厘米的定植穴或深、宽均为60厘米左右的定植沟，回填部分表土，将充分腐熟的厩肥或土杂肥与表土拌匀后填入穴内，再填入10~20厘米深的土壤，使根系不直接接触肥料，以免烧根。栽植按照“三埋两踩一提苗”的要求进行。

栽植密度可根据立地条件及栽培类型确定，初植密度可为110株/亩，成林后酌情栽植。山地坡度在25°以上，要求修筑反坡梯田或水平沟。反坡梯田内低外高，易拦雨水，避免冲刷。山地坡度在35°以上，可以开挖撩壕。如地形破碎、坡度过陡，沟坡上可修筑鱼鳞坑，按三角形布置，挖成半圆形的土坑，下沿修筑半圆形土坑，上沿修筑半圆形土埂。栽植后，最好进行截干，以提高造林成活率。

①果用林。在土层深厚、土壤肥沃、有灌溉条件的平地上，栽植密度宜稀，株行距（3~4）米×（4~5）米。土层薄或浅山地，栽植密度宜密，株行距（2~3）米×（3~4）米。一般通过嫁接后，结果年限提前，栽后3~4年可结果，8~10年可丰产。

②叶用林。按茶园式的栽培模式经营。球形栽培，行距2~3米，穴距2米，每穴栽4~6株（呈丛状），萌条后逐步剪成球形。宽窄行带状栽培，株行距0.5米×（0.5~1）米，两行构成林带，带内三角形定植。还可以采取高密度栽植，单行式，株行距0.6米×0.6米、0.5米×0.8米或0.5米×1米。

③农田防护林。农田防护林林带双行栽植，三角形定株，株行距5米×5米或4米×5米 。农田防护林林带单行栽植时，株距6~8米。

2.抚育

幼林时，每年松土、除草2次，第一次在4月下旬进行，第二次在8月上旬进行。结合除草，松土从定植穴向外扩展树穴，促进根系生长。

在夏季干旱时，根据旱情提前灌溉，灌水量要充足，并注意松土，减少水分蒸发。在生长季节可结合追肥及时灌水。灌溉的方法有穴灌、沟灌，为了节约用水还可采用喷灌、滴灌等灌溉技术。

一般于每年4月下旬至8月上旬追肥2~3次，肥料以速效氮肥为主。在9至10月底，结合深翻改土施1次有机肥，施肥量为5~15千克/株，加饼肥0.3~1千克/株。成年结果树施肥，一般每年在休眠期施基肥，在生长期进行土壤追肥，秋季叶子变红或变黄时施肥，以农家肥、饼肥为主，也可增施复合肥、过磷酸钙、磷酸二铵等。成年结果树于3月中旬、5月上旬各施1次肥，以氮肥为主，每次施尿素0.5千克/株；7月上旬和8月上旬可再追施，以氮、钾肥为主，一般施尿素0.1~0.5千克/株，钾肥0.1~0.3千克/株。多年生大树可减少追肥。

冠层管理以疏剪、摘心和剥芽为主。对顶芽优势强的种苗，应修去侧枝，促进主干生长。

第二节 黄连木

黄连木（图4-2），漆树科黄连木属树种。

一 形态特征

图4-2 黄连木

1.树型

落叶乔木，高20余米，树干扭曲。

2.枝叶

树皮暗褐色，呈鳞片状剥落，幼枝灰棕色，具细小皮孔，疏被微柔毛或近无毛。偶数羽状复叶具10~14片小叶，叶轴及叶柄被微柔毛。小叶近对生，纸质，披针形或窄披针形，长5~10厘米，宽1.5~2.5厘米，先端渐尖或长渐

尖，基部窄楔形或近圆形，侧脉两面凸起，小叶柄长1~2毫米。

3.花

雌花花萼7~9裂，长0.7~1.5毫米，外层2~4片，披针形或线状披针形，内层5片卵形或长圆形，无退化雄蕊。

4.果实

核果，倒卵状球形，略压扁，径约5毫米，成熟时呈紫红色，干后具纵向细条纹，先端细尖。红色的核果均为空粒，不能成苗；绿色果实含成熟种子，可育苗。

二 生物特性

1.物候期

黄连木花期为3—4月，第一次开花的树龄常为8~12年。

2.生境

黄连木一般生长在海拔140~3550米的石山林中。

三 经济价值

黄连木是可供材用、观赏、药用、食用、能(源)用的多功能树种。其木材致密坚实，纹理细密。种子榨油可做食用油、生物柴油、润滑油或制肥皂，精制种子油可治疗牛皮癣。鲜叶含芳香油0.12%，可做保健食品添加剂和香薰剂等。饼粕中粗蛋白、粗脂肪、粗纤维含量高，可作为饲料或肥料。芽、树皮、叶等均可入药，其性味微苦，具有清热解毒、祛暑止渴的功效，主治痢疾、暑热口渴、舌烂口糜、咽喉肿痛、湿疮等。树皮、叶、果含鞣质，可供提制栲胶。果和叶还可用来制作黑色染料。嫩叶、嫩芽和雄花序是上等绿色蔬菜。树冠开阔，枝繁叶茂。春季嫩叶呈红色，秋季红叶满树，香气四溢，是非常理想的风景林、行道树、城市绿化和观赏树种。

四 苗木繁育

1.播种育苗

（1）采种与调制

黄连木的果实9—10月成熟后应立即采收，否则10天后自行脱落。铜绿色果实的种子成熟饱满。将采收的果实放入40~50℃的草木灰温水中浸泡2~3天，搓烂果肉，去除蜡质，然后用清水将种子冲洗干净，阴干后贮藏。

（2）种子催芽

种子播前应经过低温层积处理，处理时间以100天左右为宜，一定时间范围内沙藏时间越长发芽率越高。赤霉素处理可打破种子休眠，沙藏时间可因此减少20~60天。

（3）播种

选择排水良好、土壤为壤土或沙壤土的地块作为苗圃地，采取高垄整地或低床整地。秋播在土壤上冻前进行，春播在土壤解冻后进行。春播应适时早播，催芽处理后种子露白在20%~30%时播种。播种密度为150~225千克/公顷，播种深度2~3厘米。播种后覆盖地膜或草，根据土壤墒情及时浇水。

（4）苗期管理

苗出齐后要及时揭去覆膜或覆草，苗高达到5厘米时，进行第一次间苗，间苗2~3次，最后一次间苗在苗高15厘米时进行，保持株距7~15厘米，每公顷留苗量1500~10000株。6月中旬施尿素75~120千克/公顷，7月中旬施氮、磷复合肥150~225千克/公顷，8月上中旬施含钾复合肥150~225千克/公顷，施肥后及时浇水。

2.嫁接育苗

（1）接穗采集

从优选母树上采集生长健壮、无病虫害的1年生枝条作为接穗，春季枝接所用接穗在休眠期采集，夏季嫁接随采随用，雌雄接穗按比例8:1分开采集。

（2）接穗贮藏

休眠期接穗采集后，扎捆在阴凉处的湿沙中贮藏，嫁接前剪成带2个饱满芽的枝条并蜡封，上芽距剪口1厘米。夏季接穗采集时剪去叶片，保留0.5厘米长的叶柄，用湿麻袋包裹，当天采集当天用。

（3）砧木选择

选择1~2年生、地径在0.8厘米以上的实生苗作为砧木。

（4）嫁接时期和方法

春季嫁接在砧木树液开始流动至发芽后20天内进行，用插皮枝接或嵌芽接。夏季嫁接在6月下旬至8月上旬进行，用方块芽接法，方块长度在1.8厘米以上。6月中旬以前嫁接当年成苗，7月底以后嫁接培育芽苗。雌雄株应分开嫁接。

（5）嫁接后管理

芽接嫁接15天后检查成活情况，成活株及时在接芽上方1厘米处剪砧，未成活的应及时补接。剪砧后要及时除萌，40天后解绑，秋季及时摘心，提高越冬抗寒能力。

3.容器育苗

容器直径8~10厘米，高20厘米。每个容器播种3~5粒，覆土厚度1~1.5厘米。

五 林木培育

1.造林

山区丘陵地造林应选择阳坡或半阳坡，坡度25°以下最为理想，25°~35°的斜坡次之，35°以上的坡地造林效果较差。

用1~2年生的优质苗木进行植苗造林。栽植季节为春季或秋季，栽植密度依造林目的来确定。

营造以生产种实为目的的油料林时，需用嫁接苗，造林密度为1100株/公顷或625株/公顷。尽量采用雌雄同株无性系，并注意授粉树的配置。若用雌雄异株苗，雌雄株比按8:1进行配置。

营造以生产木材或水土保持为目的的林地时，造林密度为3300株/公顷或2500株/公顷。

2.抚育

造林后至郁闭期间，每年松土、除草2~3次。以结果为目的的黄连木林地，可借鉴经济林培育模式来进行树体及林分管理，如进行整形修剪、合理肥水、花果调控等。

第三节　刺楸

刺楸（图4–3），五加科刺楸属树种。

一 形态特征

1.树型

落叶乔木，高约10米，最高可达30米，胸径在70厘米以上。

2.枝叶

树皮呈暗灰棕色。刺楸幼枝被白粉。单叶，在长枝上互生，在短枝上簇生，近圆形，直径9~25厘米，5~7掌状浅裂，裂片长圆状卵形，先端渐尖，基部心形或圆形，具细齿，掌状脉5~7。叶柄细，长8~30厘米，无托叶。

图4-3 刺楸

3.花

花梗长约5毫米，疏被柔毛，花为白色或淡黄色，萼筒具5齿，花瓣5片，镊合状排列。雄蕊5枚，花丝长度约为花瓣的2倍。子房2室，花柱2，连成柱状，顶端离生。花两性，伞形花序组成伞房状圆锥花序，序梗长2~6厘米，宿存花柱长2毫米。

4.果实

果实呈球形，直径约5毫米，蓝黑色。

二 生物特性

1.物候期

刺楸的花期为7—8月，果实成熟期为9—10月。

2.生境

刺楸多生于山地阳坡的森林或灌木林中以及林缘；水湿丰富、腐殖质较多的密林，向阳山坡，甚至岩质山地均可生长。

三 经济价值

刺楸木材纹理美观、有光泽、易加工,是建筑、家具、车辆、乐器、雕刻等的用材。根皮为民间草药,有清热祛痰、收敛镇痛之效。嫩叶可食。树皮及叶含鞣酸,可提制栲胶。种子可榨油,供工业用。

四 苗木繁育

1.播种育苗

刺楸果实的成熟期为9—10月。当果实由黄棕色变为蓝黑色时,即可进行采集。适时采集刺楸果实是一个非常重要的环节,只有当果实完全呈蓝黑色,果实内含有饱满的种子时,播种发芽率才高。

果实采收后,应在阴凉处摊放,防止种子受热霉变,并及时用清水浸泡2~3天,经过多次换水后,捞出进行揉搓,使种子从果皮中脱出,然后用水选的方式去除杂质,捞出放在室内阴干备用。在室内贮藏过程中,含水量迅速下降至7%~12%时,这时的种子为气干种子。种子(果核)千粒重为6.3~7克,每千克有143000~158000粒种子。风干果实千粒重约为12克,每千克约有83000粒种子,发芽率为30%。

育苗用的圃地宜选择地势平坦、含腐殖质丰富、土层深厚、疏松湿润且排水良好、中性或微酸性土地。圃地要做到平整、土细。结合整地,施足基肥,然后做成宽1~1.2米、高20~30厘米、长度视圃地而定的苗床。

播种前要用清水对刺楸种子进行浸泡处理，浸种时间以3~4天为宜。浸种后用0.5%的高锰酸钾消毒，再将种子和细湿沙以1:3的比例混合拌匀,堆放于室内进行催芽,要定期翻动,保持种子湿润。当有30%~40%种子发芽时,即可进行播种。播种采用条播,行距20~25厘米,播种密度为60~90千克/公顷。播种后用细筛过土覆盖,厚度为0.5厘米左右,再用草进

行覆盖，以保持苗床湿润。

播种后30天左右幼苗60%出土，此时要揭除盖草。选择阴天适时进行间苗，间苗后以每米留苗15株左右为宜。间苗后要采取浇水、施肥、除草、松土等管理措施。

刺楸播种苗1年生苗高约为30厘米，每公顷可产苗45万株左右。在秋季或翌年春季将1年生苗移植一次，2年生时苗高80~100厘米，适宜造林。

2.根插繁殖

在秋季将刺楸母树周围的根挖出，选1~2厘米粗的根系，剪至15~20厘米长，顶部削平，尾端削斜，晾1~2天后，用干沙或细土层积贮藏在阴凉处。第2年2—3月扦插。扦插时，采用条状开沟，沟距30厘米，深15~18厘米，把插条斜靠在沟壁上，顶端向上，每隔10厘米放一根，盖土踩紧，再盖土使之稍高于插条顶端，插后经常保持土壤湿润。

五 林木培育

1.造林

刺楸根系比较发达，须根量较少，常集中在根尖部位。其根系为黄色肉质根，脆嫩易断，皮层较厚，含水量较高，易发生根部皮层腐烂现象，因此土壤的排水、通气状况对其保存率和生长影响较大。

选择刺楸造林地时，应特别注意选择土壤疏松、通气、排水良好的地方，以在山地中上部造林为宜。

刺楸根系活动开始较早，秋季造林有利于幼树根系恢复和第2年根系的稳定生长，因此以秋季造林为好。

刺楸为肉质根，1年生苗木根径较细，抗性弱，成活率不高，因此，宜选择2年生的壮苗造林。

刺楸的生长规律是在15年以前生长迅速，对光照、水肥、通气条件要求高，在林荫下生长不良，因此不宜密植，一般造林密度以2500株/公顷、株行距2米×2米为宜。

2.抚育

刺楸造林后5~6年即可郁闭，郁闭前每年要进行2次松土、除草，时间分别为5—6月和7—8月。

有条件的地方可实行林粮间作，对幼树生长有促进作用。刺楸人工幼林由于封顶晚，在霜冻之前木质化程度低，会产生大量枯梢现象，枯梢随着树龄的增加逐渐减少，但枯梢对幼树生长有显著影响。因此，在树龄5~6年停止大量枯梢后，应及时除萌定干，保证主干迅速生长。此外，由于幼树树干细嫩，常在向阳一面距地表20厘米处，因昼夜温差较大，引起树干皮部纵裂，产生“破肚子”现象（破腹病）。为减少破腹病，提高树木生长稳定性，宜营造混交林。

刺楸造林后15~20年胸径生长在15~20厘米时，即可采伐。采伐后树根还可萌发生长。根可在冬季适当挖采，晒干使用。

第四节 光皮桦

光皮桦，桦木科桦木属树种。

一 形态特征

1.树型

高大乔木，高可达20米，胸径可达80厘米。

2.枝叶

光皮桦树皮呈红褐色或暗黄灰色，致密，平滑。枝条呈红褐色，有蜡质白粉。小枝呈黄褐色，密被淡黄色短柔毛，疏生树脂腺体。叶呈矩圆形、宽矩圆形、矩圆披针形、椭圆形或卵形，长4.5~10厘米，宽2.5~6厘米，顶端骤尖或呈细尾状，基部圆形，有时近心形或宽楔形，边缘具不规则的刺毛状重锯齿，叶上面仅幼时密被短柔毛，下面密生树脂腺点，沿脉疏生长柔毛，脉腋间有时具髯毛，侧脉12~14对。叶柄长1~2厘米，密被短柔毛及腺点。

3.花

雄花序2~5枚簇生于小枝顶端或单生于小枝上部叶腋。苞鳞背面无毛，边缘具短纤毛。

4.果实

果苞中裂片长圆形或披针形，侧裂片长为中裂片的四分之一。小坚果倒卵形，长约2毫米，疏被柔毛，膜质翅宽为果实的1~2倍，部分露出苞片。

二 生物特性

1.物候期

光皮桦的花期为3月下旬至4月上旬，果实成熟期为5月至6月上旬。

2.生境

光皮桦多生于向阳干燥山坡、林缘及林中空地，常混生于常绿落叶林或杉木、马尾松林中，林下更新情况良好。

三 经济价值

光皮桦木材呈淡黄色或红褐色，纹理直，结构细，质坚硬，耐磨损，干燥容易，收缩中等，木工性质良好，刨面光滑，是优良木材，用途广泛，可作为胶合板、家具、纺织器材、文具、细木工用材和造纸原料。树皮可提取芳香桦木油，用作化妆品和食用香料；亦供药用，性凉，味甘微辛，清热利尿，有治小便不利和水肿等功效。光皮桦耐干旱瘠薄，适应性强，在火烧迹地上常与马尾松等树种组成次生混交林，是造林绿化的先锋树种。

四 苗木繁育

1.采种

光皮桦一般3~4年开始结实，10~30年为结实盛期。坚果很小，成熟期短，如不及时采集，种子很快散落，因此要特别注意采种季节，当果序由绿色转为淡黄色至黄褐色时，应抓紧采种。

采种应选择20年生以上的健壮母树，采集时在地上铺上布，连同果序一同采下，在室内摊晾通风3~5天，待果苞全部自然裂开时，轻搓取出种子，种子千粒重0.21~0.23克。忌人工搓揉鲜果序或暴晒、烘干急取种子。光皮桦种子不耐贮藏，要随采随播。

2.育苗

选择排水良好、土质松软肥沃的沙壤土地作为育苗圃地。在冬季细致整地、施足基肥，然后筑床，铺一层细黄心土。

播种时，选择在5月下旬到6月上旬的晴天随采随播。采用撒播或条播，播种密度为15~23千克/公顷。播种后覆上细沙土，以不见种子为度，然后覆草，并用喷壶洒水，保持床面充分湿润。

播种后，5~6天开始发芽，逐渐掀掉覆草。当幼苗长出2~3片真叶时，选择阴天间苗，带土移栽，以保证苗木分布均匀，密度合理。同时，搭棚遮阴。幼苗一个半月期间，要及时进行除草，每15天左右追肥1次，施复合肥由7千克/公顷逐渐增加到60千克/公顷。9月中下旬停止追肥，并撤除遮阴棚。每公顷产苗量45万~60万株。1年生苗高50厘米以上，可出圃造林。

五 林木培育

1.造林

光皮桦在中低山地或丘陵以及采伐迹地上均可造林。但不同的立地条件，其生长量差异较大。以在土层深厚、肥沃、湿润的山地生长最好，在立地条件较差的造林地宜进行混交造林。

光皮桦造林前要进行林地清理，然后块状整地，定点挖穴，穴规格为50厘米×50厘米×40厘米。造林密度山区可稍稀，丘陵可略密。营造纯林的初植密度为1333~1667株/公顷，株行距2米×3米或2.5米×3米。光皮桦适宜与杉木、马尾松等树种营造针阔混交林。与杉木混交造林，可采取行间混交，光皮桦株距应加大。造林宜在春季雨天后进行，做到“深栽、根舒、栽直、压实”。

2.抚育

在造林当年，扩穴培土1次，全面除草、块状松土1次，第2~3年每年全面锄草或块状除草松土1~2次，第4年以后采用劈草抚育，直至幼林郁闭。

光皮桦生长快，早期速生。一般以培育大径材为主，在生长8~10年时，根据初植密度的大小和林木分化情况，应及时进行间伐。最后一次间伐后，纯林保留600株/公顷左右，混交林保留300株/公顷左右。

第五节　楸树

楸树（图4–4），蔷薇科花楸属树种。

图4-4　楸树

一 形态特征

1.树型

乔木，高达8米。

2.枝叶

小枝粗壮，圆柱形，灰褐色，具灰白色细小皮孔，嫩枝具茸毛并逐渐脱落。冬芽长大，长圆卵形，先端渐尖，具数枚红褐色鳞片，外面密被灰白色茸毛。奇数羽状复叶，连叶柄在内长12~20厘米，叶柄长2.5~5厘米。小叶片5~7对，每对间隔1~3厘米，基部和顶部的小叶片常稍小，卵状披针形或椭圆披针形，长3~5厘米，宽1.4~1.8厘米，先端急尖或短渐尖，基部偏斜圆形，边缘有细锐锯齿，基部或中部以下近于全缘，上面具稀疏茸毛或近于无毛，下面苍白色，有稀疏或较密集茸毛，间或无毛。侧脉9~16对，在叶边稍弯曲，下面中脉显著凸起。叶轴有白色茸毛，老时近于无毛。托叶草质，宿存，宽卵形，有粗锐锯齿。

3.花

复伞房花序具多花，密被白色茸毛。花梗长3~4毫米，花径6~8毫米。花萼萼筒钟状，萼片三角形。花瓣宽卵形或近圆形，长3.5~5毫米，白色。雄蕊20枚，与花瓣等长。花柱3枚，基部具柔毛，比雄蕊短。

4.果实

果实近球形，直径6~8毫米，成熟时为红色或橘红色，具宿存闭合萼片。

二 生物特性

1.物候期

楸树的花期为6月，果实成熟期为9—10月。

2.生境

楸树常生于山坡或山谷杂木林内。

三 经济价值

楸树是我国重要的珍贵阔叶用材树种。其早材窄、晚材宽，年轮清晰。楸树干形通直，节少，材质好，用途广，经济价值高。木材纹理通直，花纹美观，质地较致密，绝缘性能好，耐水湿，耐腐，不易被虫蛀，具有较高的涂饰加工性能，是制作高档家具、贴面板材、乐器、船只等的优选木材。楸树花叶美观，入秋红果累累，观赏价值高。楸树果还可制酱、酿酒及入药。

四 苗木繁育

楸树苗木繁育可选择嫁接育苗方式，一般选择梓树作为嫁接砧木。

1.圃地选择

选择灌溉条件好、交通方便、排水良好的缓坡地（坡度<5°）或平地作为苗圃地。坡度较大的山地可修水平梯田，并修建配套的灌溉设施。以土层厚度在60厘米以上，土壤结构疏松的壤土、沙壤土，pH 6~8，含盐量低于0.15%，地下水位低于1.5米为宜。

2.整地施肥

以在育苗前一年的秋季进行整地为宜。整地时，对选择的圃地清除杂草杂物等，进行土地平整、翻耕和耙细作业，翻耕深度0.3米以上。结合整地施有机肥30~45吨/公顷。

3.定植时间

一般在嫁接前20~30天进行砧木的定植。北方一般在春季土壤化冻后进行定植，南方一般在2月进行定植。

定植要求培养1年生苗，株行距30厘米×40厘米。

苗木定植后浇2次定根水，定植当天浇1次，隔天再浇1次。

4.接穗采集

选择经国家或地方林木良种委员会审（认）定的良种，从生长正常、主干通直、无病虫害的采穗圃中采集穗条。采集时间为在冬季停止生长、封顶1个月后，或初春树液流动前。

5.接穗制作

选择1年生的健壮、芽饱满、无病虫害枝条，粗0.5~1厘米，长度在30厘米以上，剪除顶梢木质化程度差的部分。剪取接穗时保持剪口平整，防止劈裂。

秋季采集的接穗应在室外沙藏、窖藏或冷库贮藏。冷库贮藏温度为0~5℃，用浸湿的麻袋或白色薄膜包装接穗。贮藏过程中应经常观察接穗，防止失水、干枯或发霉等。

6.嫁接

嫁接时注意将芽片的形成层与砧木切口的形成层对齐。用宽1.5厘米左右、长20~25厘米的塑料条绑缚嫁接部位。随嫁接随剪砧。嫁接后90~110天，嫁接苗长到50~70厘米时解绑。

嫁接后当年施肥3次，肥料以尿素和硝酸磷钾复合肥为佳。第一次在5月下旬，肥料为尿素，每公顷施肥量为150千克，沟施或穴施。第二次施肥最好在6月下旬，肥料为尿素，每公顷施肥量为225千克，施肥方法同上，施肥位置以距苗30厘米处为宜。第三次施肥应在苗木第二次生长高峰期之前进行，即7月下旬，在距苗40厘米处采用沟施法施肥，肥料为硝酸磷钾复合肥，每公顷施肥量为300千克。

起苗前2~3天内灌水，使土壤湿润，根系水分充足，减少起苗引起的根系机械损伤。起苗时尽可能多带侧根、须根。春季嫁接的苗木，宜在落叶后到第二年春季萌芽前出圃。

五 林木培育

1.立地选择

选择土层深厚（深度大于50厘米）、湿润、肥沃、疏松的中性土或微酸性土或土层深厚的钙质土，不宜选择土壤含盐量超过0.1%、干燥瘠薄的砾质土和结构不良的死黏土。在平原地区要求土壤为沙壤土、壤土和土层中有黏土层的土壤，地下水位1.5米以上。山地要求选择低山山坡下部、河流的两侧谷地。

2.培育目标

楸树培育20~25年可达到中径材或大径材采伐期，中径材胸径为20厘米，大径材胸径为30厘米。平均树高达14米，树高年平均生长量为0.5~1.2米；平均胸径达24厘米，胸径年平均生长量为0.6~2.0厘米。

3.造林模式

（1）楸农间作

在平原地区非基本农田区域提倡楸农间作，行距为30~50米，株距为4~5米，每公顷60~90株，以培养大径材为主，可兼作农田防护林。在丘陵山地的梯田或条田楸农间作，行距与梯田或条田的宽度相等，株距为4~5米，以栽植在田埂外沿为主。

（2）四旁栽植

根据四旁的立地条件和周围环境确定单株栽植或群植，要求栽植胸径6厘米以上的大苗。

(3)片林营造

在平原地区营造楸树片林,如果设计间伐的,初始造林密度为株距2~3米、行距4米,待胸径在20厘米左右时进行间伐。不设计间伐的,株行距宜为4米×5米。在低山丘陵栽植密度比在平原地区稍大一些。

4.造林技术

(1)造林地清理及整地

造林前应对造林地进行清理。春季造林,在前一年的秋末冬初整地最佳。整地方式根据立地条件和造林模式分三种。

穴状整地。适用于楸农间作、四旁植树及坡度不大的岗地造林。植树穴呈方形或圆形,穴规格为50厘米×50厘米×60厘米。

鱼鳞坑整地。适用于山坡地,坑呈“品”字形排列,长1~1.5米、宽0.5~1米,坑外缘筑半月形土埂,埂高0.2~0.3米。

水平沟整地。适用于干旱陡坡山地。水平沟一般长3米左右,在山坡上交错排列,土埂宽30厘米,沟底宽、深均为30~50厘米。

(2)造林方法和时间

起苗。起苗时应保留苗木根系70%以上,运输中要注意苗木保湿。栽植前,根系应在水中浸泡1天,使苗木充分吸水。

栽植技术。埋土深度可超过苗木原土印痕的3~5厘米,随栽植随浇水,水要浇足浇透。在平原区,为防止干热风危害和促进苗木主干生长,提倡平茬造林。在栽植后距地表3~5厘米进行平茬,并涂抹接蜡,防止水分散失。栽植后第二天,对平茬苗培土堆。按照楸农间作、四旁栽植、片林营造等三种模式确定抹芽与定干平茬后,待需要保留的、生长最好的萌生枝高度达到10厘米时,及时抹掉其他萌生枝。每年在树木进入生长旺季时,及时去除主干上萌生的所有侧芽,以保证主干生长。

截干。在栽植的第二年树木发芽前，于幼树主梢上部10~20厘米处的芽眼以上1~2厘米进行短截，并及时涂抹接蜡等对植物无害的防水物。

定主芽。顶部萌芽生长高度5~10厘米时定主芽，抹去其他萌芽，促进顶芽生长，以形成高大主干。

修枝造林。第三年应开始修枝，使枝下高为树高的三分之二，之后修枝使枝下高为6~8米。

造林时间一般为 3月至4月上旬。南方秋末冬初造林，一般为10月至11月上旬，即落叶后造林。

（3）施肥、松土和除草

提倡按照营养诊断或施肥试验结果进行合理施肥。造林后应及时松土、除草，要连续松土、除草3~5年，每年2~4次。松土、除草深度5~10厘米，随幼林年龄增加，6年以后深度增加到20厘米左右，干旱地区应深些。在楸农间作的情况下，行间的松土除草结合农作物的松土除草一并进行。

第六节　连香树

连香树，连香树科连香树属树种。

一　形态特征

1.树型

落叶大乔木，高10~20米，少数达40米。

2.枝叶

树皮为灰色或棕灰色。短枝在长枝上对生，芽鳞呈褐色。叶柄长1~2.5

厘米，短枝上的叶近圆形、宽卵形或心形，长枝上的叶呈椭圆形或三角形，长4~7厘米，宽3.5~6厘米，先端圆钝或急尖，基部呈心形或截形，边缘有圆钝锯齿，先端具腺体，下面呈灰绿色带粉霜，掌状脉7条直达边缘。

3.花

花两性。雄花常4朵簇生，近无梗，苞片花期红色，膜质，卵形；雌花2~5朵，簇生。

4.果

蓇葖果2~4个，长10~18毫米，宽2~3毫米，褐色或黑色，微弯曲，先端渐细，有宿存花柱。果梗长4~7毫米，种子数个，扁平四角形，长2~2.5毫米，褐色，先端有透明翅，长3~4毫米。

二 生物特性

1.物候期

连香树的花期为4月，果实成熟期为8月。

2.生境

连香树通常生于海拔650~2700米的山谷边缘或林中开阔地。

三 经济价值

连香树树体高大，树姿优美，叶形奇特，叶色季相变化也很丰富，是典型的彩叶树种，极具观赏价值，是园林绿化、景观配置的优良树种。木材纹理通直，结构细致，呈淡褐色，心材与边材区别明显，耐水湿，是制作小提琴和实木家具以及室内装修的理想用材，是稀有珍贵的用材树种和重要的造币纸原料树种。连香树的果、树皮等有较高的药用价值，果主治小儿惊风抽搐、肢冷，树皮煎水服用，对感冒、痢疾有特殊疗效。连香树的树皮与叶片含鞣质，可提制栲胶。叶中所含的麦芽醇在香料工业中常被用作香味增强剂。连香树系单种属树种，已被列为国家二级重点保护野生植物，属濒危珍稀物种、第三纪古老孑遗植物。

四 苗木繁育

（1）播种

连香树播种时间通常在3月中旬。在床面上开深1厘米左右、行距30厘米左右的播种沟。将处理好的种子与湿沙一起充分混合后，按净干1千克/亩左右的播种密度均匀地条播于播种沟内，播后盖以细土，厚度在0.3厘米左右，轻轻拍平，盖以稻草，喷水浇湿，以防风吹和保持土壤湿度。

（2）苗木管理

播种后20天左右，幼苗开始出土。通常于4月底幼苗出土长出真叶时，选择阴天或傍晚揭去稻草，同时搭建遮阴棚，在遮阴棚上铺2层遮阳网。幼苗生长期要特别注意除草和保湿工作，晴天早晚喷水保湿，及时拔除杂草。当苗木长至3厘米以上时，施0.3%的尿素溶液，7月上中旬结合抗旱可追施1次复合肥。1年生苗木地径一般在0.3厘米左右，高度在30厘米左右。

（3）嫩枝扦插

一般于5月底至6月上旬，从健康母树上剪取当年生带3片叶的半木质化粗壮嫩枝，用ABT6号生根粉溶液浸泡1~2个小时后扦插。先用直径1厘米左右的竹棍在苗床上按照设计的扦插密度插孔，插孔深度通常为穗条长度的三分之一，后将处理过的插穗放入插孔中，压实基质并浇透水。搭棚遮阴，浇水保持苗床湿润。

五 林木培育

1.立地选择

连香树见于亚热带山区海拔较高的深山谷地。人工造林培育在立地选择上有其特定的要求，宜选择在雾湿多雨，土壤肥沃、酸性或微酸性，土层深厚，排水良好的地段。土层深厚、海拔800~1600米的亚热带山区天然次生林，更是连香树人工造林最佳的立地选择。

2.整地

整地通常在造林前3个月完成。整地时将表土和心土分开，并将树木杂根和大的石块拣尽。整地翻出的土壤经过一段时间充分晾晒后方可回土，回土时要先回表土，后回心土。

由于连香树对光照的要求特殊，幼年需要一定的庇荫条件，因此，在天然残次林山坡，造林前不宜砍除杂灌和烧垦，不适宜全面整地。应利用疏林空地、林间隙地或在一定距离内伐除少量枯枝和用途不大的树木，创造小块人工林地天窗，进行块状整地，挖穴造林。栽植点呈梅花状，栽植穴规格为60厘米×50厘米×40厘米。

采取与天然次生林混交的方式，见缝插针，是连香树人工造林的常用模式。

3.造林

选用1~2年生、苗高40厘米以上、地径0.4厘米以上、根系发达，特别是须根多的优质苗木造林。苗木尽可能做到随起随栽，起运过程尽量采取防干保湿措施，在温度高、空气干燥时，要做到防止根系失水。为了防止栽植时苗木窝根，对于主根过长的苗木，在栽植前要适当截根。栽植时要保持苗木端正、根系舒展，回土分层压实，里紧外松不积水，栽植深度适宜，一般深栽至苗木地上部分高度的二分之一左右。栽植穴上面覆些松

土至略高于地面，呈馒头形，防止雨季穴内积水。

造林时间可选择11月中旬的深秋季节或翌年2月下旬的春季。

4.幼林抚育

连香树人工林的幼林抚育工作对成林成材影响较大。由于连香树幼龄期需要一定的庇荫，同时又要保证林地土壤水肥状况良好，因此，通常在造林后的前三年，每年抚育1~2次。第一次抚育一般在夏季进行，抚育措施包括扩穴培土和除草，同时在保证连香树幼树树冠具有足够的生长空间和满足需光要求的前提下，保护周边杂灌，营造适宜的小气候。第二次抚育通常在秋冬季，主要是除去根部萌条和过大的侧枝。从第四年开始，一般每年只进行1次除草和除去萌发条，直至林分郁闭。

第七节　毛梾

毛梾，山茱萸科梾木属树种。

一 形态特征

1.树型

落叶乔木，高6~15米。

2.枝叶

树皮厚，黑褐色，纵裂而又横裂成块状。幼枝对生，绿色，密被贴生灰白色短柔毛，老后黄绿色，无毛。冬芽腋生，扁圆锥形，长约1.5毫米，被灰白色短柔毛。叶对生，纸质，椭圆形、长圆状椭圆形或阔卵形，长4~12厘米，宽2~5厘米，先端渐尖，基部楔形，有时稍不对称，上面深绿色，稀被贴生短柔毛，下面淡绿色，密被灰白色贴生短柔毛，中脉在上面明显，下面凸出，侧脉4~5对，弓形内弯，在上面稍明显，下面凸起。叶柄长0.8~3.5厘米，幼时被有短柔毛，后渐无毛，上面平坦，下面呈圆形。

3.花

伞房状聚伞花序顶生，宽7~9厘米，被灰白色短柔毛。总花梗长1~2厘米，花白色，有香味，直径9毫米左右。花萼裂片4片，绿色，齿状三角形，长约0.4毫米，与花盘近于等长，外侧被有黄白色短柔毛。花瓣4片，长圆披针形，长4.5~5毫米，宽1.2~1.5毫米，上面无毛，下面有贴生短柔毛。雄蕊4枚，无毛，长5毫米左右。花丝线形，微扁，长4毫米。花药淡黄色，长圆卵形，2室，长1.5~2毫米，"丁"字形着生。花盘明显，垫状或腺体状，无毛。花柱呈棍棒形，长3.5毫米，被稀疏的贴生短柔毛，柱头小，头状，子房下位。花托呈倒卵形，长1.2~1.5毫米，直径约1毫米，密被灰白色贴生短柔毛。

4.果

核果为球形，直径6~7毫米，成熟时黑色。

二 生物特性

1.物候期

毛梾的花期为5月，果实成熟期为9月。

2.生境

毛梾常自然生长在杂木林中或密林下。

三 经济价值

毛梾果肉和种仁均含有丰富的油脂，是木本油料植物树种。果实含油率为27%~41%，除可供食用外，还可作为工业用油，用来提制生物柴油，制造肥皂，以及机械、钟表机件使用的润滑油和油漆原料等，油渣可做饲料和肥料。毛梾叶可做饲料，花可做蜜源。毛梾木材材质坚硬，纹理细密，花纹美观，尤其是具有独特的材色，适合于制作高级家具、室内装饰、工艺美术制品等，也可做纺织器材。另外，毛梾树干端直，树冠圆满，寿命长，既是一种优良的园林绿化树种，又可作为四旁绿化和水土保持树种。

四 苗木繁育

1.播种育苗

（1）采种与调制

毛梾果实成熟期一般在9月上中旬，当果实由绿色变成黑色并发软时，即可采收。毛梾果肉中含有大量油脂，再加上坚硬的种皮，严重影响种子吸水膨胀和萌发。因此，在种子催芽处理前，要先除去种子外的果肉和种皮外的残留油脂。可结合土法榨油进行，首先是将种子放在清水中浸泡1~2天，皮变软后捞出，铺在碾台上，厚约5厘米，用碾子碾压，去皮，去过油皮后可放入筐内，置流水（河、渠）中去渣。然后，将种子与河沙以2:1或1:1的比例拌匀，按4~6厘米的厚度摊在碾台上碾压，直至种壳呈粉红色。最后，筛去河沙，将种子放入洗衣粉或碱水中搓洗，再用清水漂洗干净。

（2）种子催芽

经过以上处理的种子，播种前还需进行催芽，以提高发芽率。催芽可采用低温沙藏、温水浸种和火炕催芽等方法，其中以低温沙藏法效果最好。低温沙藏的方法同一般沙藏方法，沙藏时间以6个月至1年较好，不足6个月的效果不明显，超过2年，种子发生霉烂，发芽率降低。若选用冰柜冷藏，在0~4 ℃的条件下，沙藏4~5个月，效果更佳，发芽较为整齐。温水浸种适用于春季播种，播期20~30天，每天用50~60℃温水浸泡2~3次，每次30分钟，冷却后捞出置于温暖室内，上覆湿布，当种子有一半裂嘴时即可播种，40~50天即可发芽出土。火炕催芽时，将混沙种子在火炕上铺一薄层，上覆塑料薄膜，炕温保持在20~30℃，最高不能超过40℃，经常翻动，半数以上种子裂口时即可播种。

（3）播种

选择深厚湿润的沙质壤土地作为苗圃地。先深翻，耙平，施足底肥，进行土壤消毒，然后修筑苗床。秋播或春播均可，以秋播效果为好。播种时按30厘米行距开沟条播，播幅3~5厘米。

经过催芽处理的种子，可播10~15千克/亩。秋播后覆土2~3厘米，稍加镇压，在土壤封冻前后灌水2~3次，以利来年种子发芽。必要时可在春季土壤解冻前后再灌水1次。春播时经过催芽的种子，可采用河沙或锯末覆盖，厚度2~3厘米，必要时可覆盖一层薄麦糠，目的是保持土壤湿润。

2.插根育苗

春季从留床苗上剪下的根插穗成活率较高。秋季采下的根要埋在沙土中越冬，翌年春再取出扦插。插穗一般长10~18厘米，粗0.5~1厘米。通常都在春季扦插，可直插、斜插和平埋，其中以斜插和平埋为好。扦插时，插穗要露出地面0.5~1厘米，插后床面覆稻草，并经常洒水，保持湿润。

五 林木培育

1.人工林营造

造林地宜选在地势平坦，土层深厚、肥沃的山麓、沟坡或冲积河滩等地。造林宜采用长1.5米、宽1米、深40~60厘米的大鱼鳞坑，次春栽植效果较好，秋季也可直接造林。春季造林宜早，在土壤刚解冻苗木尚未萌动时造林最好。

毛梾造林一般采用2年生苗，如苗龄小，可采用截干造林，能显著提高成活率。截干后头两年应及时修枝抹芽，每年6—8月抹芽2~3次，以培育明显主干，促进幼树生长。

以营造毛梾油料林为培育目标时，造林密度宜稀，选址在水肥条件好、管理比较细致的地方，不超过20株/亩，山地条件下不超过30株/亩。

毛梾萌芽力强，树冠内往往萌发出许多侧枝，影响生长。因此，从幼林开始要及时整形修枝，一般造林后2~3年定干，定干高度以1~2米为宜。

2.观赏树木栽培

毛梾具有较高的观赏价值，是优良的园林树种，移栽成活率高，栽培管理简单。选择胸径为4~6厘米的苗木，于春季或秋季树液停止流动时，裸根起苗，根幅直径为50~60厘米。起苗时，要尽量保护好须根。栽植时，可适当进行修枝、修根及截干处理，截干后在截口处涂抹油漆，防止水分蒸发。栽植后第二年夏季，可对树冠进行整形修剪，适当控制强枝生长，促进弱枝生长，以保证树冠圆满。

第八节　杜仲

杜仲（图4–5），杜仲科杜仲属树种。

一 形态特征

1.树型

落叶乔木，高达20米，胸径约50厘米。

2.枝叶

树皮呈灰褐色，粗糙，内含橡胶，折断拉开有多数细丝。嫩枝有黄褐色毛，老枝有明显的皮孔。芽体卵圆形，外面发亮，红褐色，有鳞片6~8片，边缘有微毛。叶椭圆形、卵形或矩圆形，薄革质，长6~15厘米，宽3~6厘米，基部圆形或阔楔形，先端渐尖，侧脉6~9对，边缘有锯齿。叶柄长1~2厘米，上

图4-5 杜仲

面有槽，被散生长毛。

3.花

花生长于当年枝的基部，雄花无花被。花梗长约3毫米，苞片倒卵状匙形，长6~8毫米，顶端圆形。雄蕊长约1厘米，花丝长约1毫米，药隔突出，花粉囊细长，无退化雌蕊。雌花单生，苞片倒卵形，花梗长8毫米，子房1室，扁而长，先端2裂，子房柄极短。

4.果

翅果扁平，长椭圆形，长3~3.5厘米，宽1~1.3厘米，先端2裂，基部楔形，周围具薄翅。坚果位于中央，稍凸起，与果梗相接处有关节。种子扁平，线形，长1.4~1.5厘米，宽3毫米，两端圆形。

二 生物特性

1.物候期

杜仲的花期为4月，果实成熟期为10月。

2.生境

杜仲常生长在低山、谷地或低坡的疏林里，对土壤的要求并不严格，在瘠薄的红土或岩石峭壁上均能生长。

三 经济价值

杜仲是第四纪冰川侵袭后留下来的古老树种，国家二级重点保护植物和重要的经济林树种，在我国栽培历史有2000多年。它既是我国重要

的战略资源，又是名贵药材和木本油料树种，同时也是重要的防护林树种和用材林树种。

2000多年前，我国的《神农本草经》就将杜仲列为中药上品。杜仲树的皮、叶、花、果等都具有很高的药用和保健价值，具有降血压、降血脂、防辐射和防突变、预防心肌梗死和脑梗死等功效，且无毒副作用。籽油和雄花已经被列入国家新食品原料目录，种仁油中α-亚麻酸含量高达67%。杜仲橡胶存在于杜仲树的叶、皮、根中，广泛应用于航空航天、国防和军工、汽车工业、高铁、通信、医疗、电力、水利、建筑、运动竞技等领域。杜仲橡胶资源的战略价值，已引起国际社会的高度关注。杜仲叶是十分理想的功能型健康饲料，对提高畜禽及鱼类的免疫力、肉蛋品质和减少抗生素应用的效果十分显著。杜仲木材坚实，洁白光滑，有光泽，纹理细腻，为高档用材。杜仲树姿好，树冠浓密，寿命长，是十分理想的生态建设和城乡绿化树种。

四 苗木繁育

杜仲苗木的繁育方法包括播种育苗、嫁接育苗、扦插育苗、根育苗和组培育苗等，生产上，以嫁接育苗和扦插育苗最为常见。

1.嫁接育苗

(1)圃地选择

圃地要求交通方便，水电便利，地势平坦，排水良好。地下水位最高不超过1.5米，土层厚一般不少于50厘米，土壤微酸性至微碱性，以沙壤土、壤土或黏壤土为佳。

(2)整地

整地要求深耕细作，清除草根、石块，地平土碎。施用有机肥约30000千克/公顷和氮磷钾复合肥约600千克/公顷，年降水量在900毫米以下的地区宜做成畦，年降水量在900毫米以上的地区宜作高床。

2.扦插育苗

（1）时间

大田扦插时间在6—8月，温室扦插对时间要求不高。

（2）插穗

大田扦插选用1年生半木质化良种嫩枝插穗。插穗长度10~12厘米，上端保留半片或1片叶片，剪口在节下1~2厘米处。扦插前用 ABT 生根粉等对插穗进行处理。

（3）插床制作

根据扦插地的情况确定插床长度，宽度一般为1~1.2米，常用基质有河沙、泥沙土、珍珠岩和腐殖土混合基质等，厚度10~12厘米。扦插前1~3天用0.1%~0.3%高锰酸钾、500~600倍多菌灵溶液或甲基托布津消毒。

（4）扦插

扦插行距为10~12厘米，株距为5~8厘米，扦插深度为插穗长度的1/3~1/2。扦插时勿使叶片相互重叠或贴地。

（5）插后管理

室外扦插应及时搭遮阴棚，防止强光照射和雨水冲刷。浇水次数根据基质类型而定，保持湿润即可。室内扦插空气湿度保持在85%以上，温度控制在20~30℃。每7~10天喷施500~1000倍多菌灵水溶液进行消毒，每10天喷施0.2%尿素或磷酸二氢钾1次。

五 林木培育

根据经营目的划分，杜仲的培育可分为果园化高效培育、高密度叶皮材兼用林高效培育和材药兼用林高效培育等3种类型。

1.果园化高效培育

(1)品种选择

选择经国家和省(自治区、直辖市)级审定(认定)的果用杜仲良种。

(2)合格苗木规格

合格的苗木要求无病虫害,无机械损伤,无失水,无冻害。苗高0.8米以上,地径0.8厘米以上,侧根直径2毫米以上,15厘米以上长度的侧根6条以上。

(3)立地选择

选择土层厚度80厘米以上的平地、坡度小于20°的丘陵山地或坡度大于20°的坡改梯田地。土壤质地以沙质壤土、轻壤土和壤土为宜,土壤 pH 5.5~8.5。

(4)整地

挖穴或开槽整地。挖穴规格为60厘米×60厘米×60厘米,每穴施农家肥20~30千克。开槽深60~80厘米,槽宽80~100厘米,施农家肥2000~3000千克/亩。

(5)栽植

主栽品种与授粉品种配置比例为90:10或95:5。单行栽植,在水肥条件较好的平地、缓坡地,栽植株距3~4米,行距3~5米。在水肥条件稍差的山丘地,栽植行距2~3米,株距2~4米。机械化规模种植采用宽窄行,宽行行距5~6米,窄行行距2~3米,株距2~3米。在平地、滩地栽植成南北行,丘陵、山地沿等高线栽植。

(6)栽后管理

栽后要及时定干,定干高度为60~80厘米。栽植时园地周围多栽10%苗木,采用同样的定干方法,用于苗木补栽。栽后连浇2~3次水,确保土壤水分充足。

(7)树体管理

适宜的树形有自然开心形、疏散分层形、疏散两层开心形、自由纺锤形等。

修剪分幼树期修剪和盛果期修剪。幼树期修剪又分骨干枝培养和结果枝组培养。骨干枝培养:自然开心形树形选择分布均匀的3~4个枝条作为主枝,呈开心形排列,树高2~2.5米。疏散分层形树形设置2~3层,控制树高在2.5~3米。结果枝组培养:及时疏除重叠枝、细弱枝、交叉枝等严重影响光照的枝条,其余枝条通过拿枝、拉枝等手法调整角度,使枝组分布合理,均匀受光。

2.高密度叶皮材兼用林高效培育

(1)品种选择

选择生长迅速、产叶量高、叶片活性成分含量高的杜仲良种。

(2)苗木规格选择

合格苗木要求达到杜仲良种嫁接苗Ⅰ级苗木标准。

(3)立地选择

选择坡度15°以下的平地或丘陵地。选择壤土、沙壤土或者可改良的土壤,土层深厚,土壤pH为5.5~8.5,排灌便利。

(4)整地

全垦整地,垦深50厘米,整地前每亩施农家肥2000~3000千克,开沟种植。

(5)栽植

栽植时间选择在秋冬季苗木落叶后至土壤封冻前,或春季土壤解冻后至苗木萌芽之前。

根据不同建园方式确定栽植密度。常规建园方式栽植密度选择0.4米×0.8米~0.5米×1.5米,栽植1.33万~3.12万株/公顷。宽窄行带状建园方式栽植密度选择宽行行距1~1.5米，窄行行距0.5米，株距0.4~0.6米，栽植1.67万~3.3万株/公顷。

栽植前将肥料与表土混匀后填入沟穴内，至离地表15厘米为止。栽植时将苗木放于沟穴中间，保证苗木根系舒展，纵横行对齐成一条线，嫁接口对准主风方向。栽植深度以苗木嫁接口与地面齐平为准，栽植后及时浇定根水。

（6）整形修剪

栽植后在幼树嫁接口以上10厘米处定干，采用丛生或多干形。栽植当年不修剪，让幼树自然生长。

建园第二年春季苗木萌芽后，当萌条长5~10厘米时，每株选留生长健壮、位置分布均匀的萌条3~4个，培养成丛生状，其余抹去。夏季6—7月短截采叶，促进萌条再分枝。秋季采叶后，在冬季休眠期将每个当年萌条留5~10厘米后截干。

从第三年开始，上年截干的每个萌条春季萌动后，每株选留生长健壮、分布均匀的萌条2~3个，培养成丛生状，其余抹去。建园6~8年以后，萌条部位外移明显，可进行回缩修剪。

（7）施肥

每年在树木芽体萌动前10~20天施尿素1次，5月下旬至8月上旬追施氮磷复合肥2~3次。建园第一年，每公顷每次施肥150千克，从建园第二年开始，每公顷每次施肥200~300千克。

施肥方法采用条状沟施。在栽植两行间或宽窄行的宽行间开挖施肥沟，深15~20厘米，宽10~15厘米。

（8）采收

建园第一年在秋季霜降后进行叶片采收。从第二年开始，每年夏季6—7月第一次采叶，秋季霜降后及时进行第二次采叶。

夏季采叶采用短截采叶的方法，在每个当年萌条1.5米处进行短截，将短截下来的枝条上的叶片采下，用烘干机烘干。秋季霜降后采集的叶片自然晾干或烘干。

3.材药兼用林高效培育

(1)品种选择

经国家和省(自治区、直辖市)级审定(认定)的材药兼用杜仲良种。

(2)苗木规格选择

合格苗木规格要求达到杜仲良种嫁接苗Ⅰ级苗木标准。

(3)立地选择

选择坡度25°以下、排灌便利的造林地。选择壤土、沙壤土或者可改良的土壤，土层深厚，土壤pH为5.5~8.5。

(4)整地

平地或坡度5°以下进行全垦，垦深50厘米；坡度5°~15°修筑水平梯带，梯面外高内低，内外高度差30~40厘米；坡度大于25°的造林地采取鱼鳞坑整地方式。

(5)栽植

挖穴栽植，穴规格80厘米×80厘米×80厘米。栽植密度3米×4米、4米×4米或4米×5米。在平地、滩地栽植成南北行，丘陵、山地沿等高线栽植。

(6)栽后管理

①幼树期管理

平茬：在栽植时或栽后1年至秋季落叶，或春季萌芽前10天进行。平茬部位选择在嫁接口以上2厘米处。平茬后萌芽长10~15厘米时，在迎风口处选留生长健壮的1个萌条培养成植株，其余的抹去。

抹芽：在每年春季或夏季开展抹芽，抹除对象为主干分枝以下萌芽以及疏枝剪口处萌发的幼芽。平茬后当年萌条的叶腋萌芽也应及时抹去，

以促进主干旺盛生长。

浇水、施肥与中耕除草：幼树期的苗木每年施肥2次，春季萌动前10~15天施尿素，7月上旬至8月上旬施复合肥。结合施肥和灌溉及时铲除杂草。

②成龄树管理

修剪：修剪对象是10年生以上的成龄树，树形基本固定，主要修剪措施为短截梢部萌条，增强树冠顶部生长势，促进植株旺盛生长。

施肥：每年施肥2次，分别于春季萌动前10~15天、6月下旬至7月下旬，施肥后灌溉。

（7）采收

杜仲栽培10~20年时，可采收树皮，用半环剥法剥取。时间选择在杜仲树形成层细胞分裂比较旺盛的6—7月高温湿润季节，在离地面10厘米以上树干，切树干的一半或三分之一，注意割至韧皮部时不伤及形成层，然后剥取树皮。经2~3年后树皮重新长成。

第九节　水青冈

水青冈，壳斗科水青冈属树种。

一　形态特征

1.树型

乔木，高达25米。

2.枝叶

小枝皮孔窄长圆形或兼有近圆形。叶卵形、卵状披针形或长圆状披针形，长6~15厘米，宽4~6厘米，先端渐尖或短渐尖，基部宽楔形或近圆形，叶缘波状，具锯齿，上面无毛，下面被近平伏茸毛，后脱落，侧脉9~14对，直达齿端。叶柄长1~2.5厘米。

3.花

雌花序长约1厘米，通常有花2朵，花序及苞片密被灰黄色茸毛。

4.果

壳斗长2~3厘米，密被褐色茸毛，4瓣裂，壳斗小苞片线形，下弯或呈"S"形弯曲。总梗粗，长1.5~7厘米，斜展、稍下弯或直伸。每壳斗具2果，果三棱形，棱脊顶部有窄而稍下延窄翅。

二 生物特性

1.物候期

水青冈的花期为4—5月，果实成熟期为9—10月。

2.生境

水青冈生长在山地杂木林中，多见于向阳坡地，常与常绿树或落叶树混生，为上层树种。

三 经济价值

水青冈木质硬，结构均匀，强度高，木材有光泽，材质细腻，在建筑装饰中被广泛使用。除作为一般室内装饰用材外，它还可用于加工木地板、复合木门等。水青冈也是很好的油料树种，含油率和出油率都较高，其种子榨出的油是一种良好的食用油。水青冈林下的土壤中菌类分解甲烷活性很高，能改善环境质量，因此水青冈是良好的造林树种与水土保持树种。

四 苗木繁育

1.采种

水青冈采种可以在普通林分中进行。选择树干通直、树冠整齐匀称、无病虫害的优良单株作为采种母树。在12月至第二年1月上旬采种,采后种子干藏或沙藏。沙藏种子可直播,播前一个月进行沙藏或浸种24个小时后播种效果较好。

2.播种

选择排灌方便,荫蔽,土壤深厚、肥沃、疏松的沙壤土地为播种苗圃地。将苗圃地深耕30厘米左右,床面耙细整平,碎土作床。在播种前5~6天,用2%~3%的硫酸亚铁溶液或其他方法进行土壤消毒。施足基肥,按1:3的比例将种子与细沙混合撒播或条播,用过筛的细土覆盖。

种子播种后,一般8~10天出土,当幼苗生长出2~3片真叶时,追施第一次肥;长出6~8片真叶以后,追施第二次肥。其间要经常浇水,保持床面湿润。苗高8~10厘米时,要进行间苗或换床移植。

每亩产苗量控制在1.5万~1.7万株。高度70厘米、地径0.8厘米以上为Ⅰ级苗。苗木硬化期以施钾肥为主。

五 林木培育

1.造林地选择

选择海拔800米以下的山坡下部及低海拔平原地区,土层厚80厘米以上,湿润的黄红壤、紫色土、山地红壤或冲积土以及水网地区等均可营造水青冈速生丰产林。

在山地造林,不宜营造纯林,应营造水青冈与杉木、马尾松等针阔混交林,混交比例为1:3。

2.抚育管理

在造林后第一年的3—4月，进行1次扩穴培土,5—6月和8—9月分别全面除草1次,清除萌芽,挖除林地内茅草。第二年再全面除草2次,第三年抚育1次。每年冬季适当整枝,2~3年可郁闭成林。

3.间伐

立地条件较好的造林地,造林后5~7年郁闭度在0.7~0.8,林木明显分化,一般情况下,小径木株数占25%~30%。自然整枝强烈时,进行一次间伐,间伐60~90株/亩,伐后保留70~80株/亩,间伐后郁闭度不低于0.6。

立地条件较差的造林地,造林后7~8年进行首次间伐,间伐后郁闭度不低于0.6。造林后9~13年郁闭度恢复到0.7~0.8时进行第二次间伐,间伐后保留90株/亩,直到主伐。

第十节 麻栎

麻栎(图4–6),壳斗科栎属树种。

一 形态特征

1.树型

落叶乔木,高达30米,胸径达1米,树皮呈深灰褐色,深纵裂。

2.枝叶

幼枝被灰黄色柔毛,后渐脱落,老时灰黄色,具淡黄色皮孔。冬芽圆锥形,被柔毛。

叶片形态多样,通常为长椭圆状披针形,长8~19厘米,宽2~6厘米,顶端长渐尖,基部呈圆形或宽楔形,叶缘有刺芒状锯齿,叶片两面同色。幼时被柔毛，老时无毛或叶背面脉上有柔毛，侧脉每边13~18条。叶柄长1~3厘米，幼时被柔毛，后渐脱落。

3.花

雄花序常数个集生于当年生枝下部叶腋，有花1~3朵，花柱30。壳斗杯形，包着坚果约二分之一，连小苞片直径为2~4厘米，高约1.5厘米。小苞片呈钻形或扁条形，向外反曲，被灰白色茸毛。

图4–6　麻栎

4.果

坚果呈卵形或椭圆形，直径为1.5~2厘米，高1.7~2.2厘米，顶端呈圆形，果脐突起。

二 生物特性

1.物候期

麻栎花期为3—4月，果实成熟期为第二年的9—10月。

2.生境

麻栎常生长在山坡或沟谷间。

三 经济价值

麻栎木材为环孔材，边材呈淡红褐色，心材呈红褐色，气干密度为0.8克/厘米^3，材质坚硬，纹理直或斜，耐腐朽，气干易翘裂，可供坑木、桥梁、地板等用材。木材亦可用于烧制栎炭，其色泽光亮，燃烧具有彻底持久、热值高、无烟、火力强等优点，还可用来制作活性炭等。麻栎叶含蛋白质13.58%，可用来饲养柞蚕。种子含淀粉56.4%，可做饲料和工业用淀粉。壳斗、树皮可提取出栲胶。

四 苗木繁育

1.种子调制、贮藏和催芽

种子采集后清除壳斗和小枝，水选后得到纯净饱满的种子。采用室内混沙埋藏的方法贮藏。播种前10天左右，将种子浸入清水1~2天，然后摊放于凉爽处，经常喷水保湿，待种子幼芽露白出尖时即可播种。

2.苗圃整地和苗床、苗畦作业

秋（冬）翻耕25厘米以上，翌年春季翻耕20厘米以上。结合翻耕施足基肥，以有机肥为主，均匀施入深土层中。气候湿润、多雨的地区要作高床，床面要高出步道20~30厘米，床宽1.0~1.5米，床长20~50米，床间步道30~50厘米。气候干旱地区采用畦作或平作，畦面要低于畦埂15~20厘米，畦宽1~1.5米，畦长10~20米，畦埂宽30厘米。

3.播种

春季来临时，当地表以下5厘米深土壤处的地温稳定在10℃左右即可播种，采用点播方法播种。用锄头开挖宽7~10厘米、深5~7厘米的播种沟，行距为30~50厘米，株距为3~5厘米 ，覆土厚度为3~5厘米 。播种后覆盖秸秆保湿，有条件的还可用塑料薄膜拱棚或覆盖地膜。

4.苗期管理

当幼苗出土后，要及时分批撤除覆盖物。幼苗出齐1个月后进行第一次间苗，以后根据实际情况进行第二、第三次间苗和定苗，保留的株数要比计划产苗量多15%左右。

生长初期采用少量多次的方法灌溉，速生期采取多量少次的方法灌

溉,生长后期控制灌溉。

除草要掌握“除早、除小、除了”的原则。

速生期要追施肥料2~3次,肥料一般以尿素为主,采取行间开沟法或床面先撒后锄的方法进行。还可以利用雨季在雨中撒施,遵循少量多次的原则。

五 林木培育

1.立地选择

麻栎对土壤条件要求不严格,但在湿润、肥沃、深厚、排水良好的中性至微酸性沙壤土中生长迅速,在山沟和山麓生长更好。因此,造林地宜选择土壤疏松肥沃、排水良好、pH 5.5~7.5、土层厚度50厘米以上、坡度25°以下的中低山和丘陵区。

2.整地

在造林前一年的10—12月进行整地。清除地表各种附属物和杂草,尽量增大活土层深度,增强土壤的蓄水保墒能力。

造林整地方式:陡坡地带适用鱼鳞坑方式整地,规格为50厘米×50厘米×60厘米;缓坡处和山顶采用穴状整地,规格为40厘米×40厘米×30厘米;地势平坦区采用穴状整地,规格为60厘米×60厘米×40厘米。

3.造林

(1)直播造林

直播造林在当年第一场透雨后即可进行,保证幼苗在早霜到来之前有60天以上的生长期,让其能够充分木质化,以利安全过冬。

造林时,每穴下种5~8粒,覆土厚度一般为种子直径的2~4倍,根据本地土壤、气候情况具体确定。如冬季播种覆土应较其他季节厚,雨季播种、土壤湿度较大时覆土宜薄,在沙质土条件下播种时覆土可适当加厚。

播后回填土，平整后踏实，再覆一层虚土。

（2）植苗造林

一般采用1年生苗木，在早春土壤解冻后即可开始造林，也可以在晚秋苗木落叶后造林。栽植时宜将主根剪短，栽植深度比根颈部深2~3厘米。

（3）造林密度

营造麻栎用材林时，初植密度为4500~6000株/公顷。营造麻栎能源林时，初植密度为4950~6600株/公顷。

提倡营造麻栎混交林，混交树种可选择侧柏、柏木、刺槐等树种，混交林中的麻栎生长快、干形通直，且病虫害较少，土壤表层腐殖质增多，保水、保土及保肥能力显著增强。

4.抚育

（1）幼林抚育

对于直播造林，在幼苗出齐后的当年7—8月进行抚育，抚育方式是间苗，每穴保留2~3株健壮苗。第2年7—8月定苗，每穴保留1株生长健壮、树干通直的苗木。为促进麻栎生长成材，3~5年进行平茬，平茬后前3年砍除林中杂灌，进行合理修枝，强度为保留1/3~1/2的枝条。

对于植苗造林，连续抚育2~3年，抚育方式为除草、松土，并可间种2~3年农作物（花生、豆类、中药材等低秆作物）。林木郁闭后，间作停止。培育用材林，第5~7年开始修枝，以培育干形，提高品质。

（2）抚育间伐

一般在造林8~10年时进行第一次间伐，保留200株/亩左右。在造林15~17年时进行第二次间伐，保留120株/亩左右。混交林采用综合抚育法，同龄纯林采用下层抚育法。

5.主伐

麻栎轮伐期根据培育目标而定，一般培育中小径级材的轮伐期为20~30年,大径级材为60年以上,能源林为10~15年。

6.更新

麻栎天然更新能力强，培育中小径级的用材林或薪炭林通常采用萌芽更新,伐根接近地面,翌年每伐桩选留1~2株萌条抚育成林,10年左右再行皆伐,以便再萌芽。经多次砍伐后,其萌芽力衰退时,将老桩刨出,重新整地造林。

第十一节　栓皮栎

栓皮栎,壳斗科栎属树种。

一　形态特征

1.树型

高大落叶乔木,高达30米,胸径可达1米,树皮呈黑褐色,深纵裂。

2.枝叶

小枝呈灰棕色。芽为圆锥形,芽鳞呈褐色,具缘毛。叶片呈卵状披针形或长椭圆形,长8~15厘米,宽2~6厘米,顶端渐尖,基部呈圆形或宽楔形,叶缘具刺芒状锯齿,叶背密被灰白色星状茸毛,侧脉每边13~18条,直达齿端。叶柄长1~3厘米。

3.花

雄花序长达14厘米,花序轴密被褐色茸毛,花被4~6裂,雄蕊有10枚或更多。雌花序生于新枝上端叶腋,花柱30。壳斗杯形,包着坚果的三分之二，连小苞片直径3~4厘米，高约1.5厘米。

4.果

坚果近球形或宽卵形，高、直径约1.5厘米，顶端圆，果脐凸起。

二 生物特性

1.物候期

栓皮栎花期为3—4月，果实成熟期为第二年9—10月。

2.生境

栓皮栎喜光，气候适应范围广，对环境要求不严，在深厚、肥沃、排水良好的土壤中生长得最好。

三 经济价值

栓皮栎是我国特产的用材树种，其木材坚硬、纹理美观、耐腐蚀、强度大、耐冲击，是一种高质量的木材。栓皮栎边材、心材明显，边材呈浅黄褐色或灰黄褐色，心材呈浅红褐至鲜红褐色。树皮栓皮层发达，是生产软木的主要原料，而且树皮含蛋白质10.56%，含单宁5.1%。果实含淀粉59.3%，可用于饲养家畜、酿酒、提取葡萄糖等。枝干可烧制木炭和培养食用菌，树叶则可以用来饲养蚕。种壳可用来制作活性炭，种仁和壳斗可提制出栲胶。

四 苗木繁育

1.采种

选择生长30~100年、干形通直完满、生长健壮、无病虫害的栓皮栎作为采种母树。种子成熟期一般是8月下旬至10月上旬，种子成熟时种壳呈棕褐色或黄色。良好的种子外表呈棕褐色到灰褐色，有光泽，饱满个大，粒重，种仁呈乳白色或黄白色。采种后放在通风处摊开阴干，每天翻动2~3次，直至种皮变淡黄色，便可贮藏。贮藏前要采取措施以防止果内虫卵孵化成幼虫，从而破坏种子。

2.种子贮藏

种子贮藏既要保持一定的湿度和适宜的温度，又要注意通风透气，尤其要注意防止病虫的危害及蔓延。一般来说，栓皮栎种子贮藏的适宜含水量为30%左右，适宜温度为0~3℃。主要贮藏方法有沙藏、冷藏等，贮藏过程中要定期检查，及时处理霉烂或者鼠害情况。

3.整地

苗圃地土壤以沙壤土、轻壤土为宜。在秋冬季或提前一季进行整地。根据灌溉、排水等条件，作高床（高于地面10厘米）、平床或低床（低于地面10厘米）。一般湿润地区多用高床，而干旱地区多用低床。

4.播种

长江流域各省份宜采用冬播（11—12月），黄河流域各省份宜采用秋播（8月下旬至9月中旬），也可用春播（3月）。但秋播、冬播比春播好。

播种方式一般采用条播，即在作好的苗床上开播种沟，条距为15~20厘米。

五 林木培育

1.立地选择

栓皮栎对土壤要求不严，深厚、肥沃、排水良好的壤土、沙壤土最为适宜。培育用材和栓皮相结合的人工林，可选择阳坡或半阴坡土层深厚、肥沃、湿润的地方作为造林地。在较好的立地条件下，栓皮栎生长快，且软木产量高。培育水源涵养林、防火林等林分，土壤浅薄并干燥的山脊、石质山地、水库上游岩石裸露的陡坡以及山口迎风处均可作为造林地，尽量选择阳坡、半阳坡造林。

2.整地

在一年中的春季、夏季、秋季都可进行整地。春季造林可在前一年的夏季或秋季整地，秋季造林可在当年春季整地。

整地方法可根据造林地坡度及水土保持的需要，采取带状、穴状或鱼鳞坑整地。

3.造林

造林方式有直播造林、植苗造林和容器苗造林等。

直播造林适宜在立地条件较好且鼠害较轻的地方采用。鼠害危害严重的地区，适宜采用植苗造林。有条件的地区还可用容器苗造林，以提高造林成活率。

（1）直播造林

造林时间为秋季，随采随播，或在第二年春季播种。直播方式以穴播的成苗率最高。每穴下种3~4粒，立地差的地方，每穴4~5粒。把种子均匀播种到穴内，播后覆土，用脚踩实。按300穴/亩计算，需要种子6~7千克。

（2）植苗造林

造林时间。选择春季、雨季和秋季均可。春季造林应在冬芽萌出前进行，雨季造林的最好时机在1~2场透雨后出现连阴天时，秋季造林需在幼苗落叶后进行。

苗木处理。起苗前3~4天灌一次水，起苗时应留主根且主根长度为30厘米以上。苗木起出后进行分级，选择Ⅰ、Ⅱ级苗木进行造林，不立即造林的苗木应及时假植。造林前，高度1.5米以上的苗木最好截干，并剪去多余的枝条。高度不足1米的幼苗不需截干，但也要修剪侧枝。为促进根系发育和增加移栽成活率，可以对栓皮栎的苗木根系做蘸根、浸根处理。

造林密度。在山腰以下或山脚山凹处，土层一般深厚肥沃，株行距宜采用1.33米×1.67米~1.67米×1.67米，240~300株/亩；在山腰以上或土层较薄处，株行距宜采用1.33米×1.5米~1米×2米，333株/亩；在丘陵地区或土壤贫瘠干燥处，为提早郁闭，以利于栓皮栎生长，宜适当密植，株行距宜采用1米×1.67米~1米×2米，333~400株/亩；在岩石裸露的陡坡或石质山地，造林目的是保持水土，所以造林密度可适当加大，400株/亩。

栽植方式。栽植深度以埋土线超过苗木原土痕印3厘米为宜，栽植时应做到“三埋两踩一提苗”。

4.抚育

(1)幼林抚育

松土除草。带状和块状整地的造林地，第一年抚育2~3次，第二年和第三年，每年抚育2次。鱼鳞坑整地的造林地，可结合松土除草修整鱼鳞坑。

间苗。穴播的栓皮栎，2~3年后，穴内苗木会出现争光、争肥现象，应及时除去纤弱苗。立地条件好的地方，间苗时间早、强度大、次数少。立地条件差的地方，间苗开始晚、强度小、次数多，可在数年内完成。

平茬。造林2~3年后，对主干不明显或丛生植株，可采取平茬措施。平茬宜在树木休眠期进行，用利刀平地面砍去，并覆土。平茬后，选留根颈部萌发条中最好的1~3个，作为培育对象。

修枝。在冬末春初修枝最好。造林初期，应修去下层枝条和生长不良的枝条。生长10~15年时，修去枯死枝、遮阴枝、下垂枝，以及影响主干干形完满的粗枝，使树冠高占全树高的60%左右。

(2)抚育间伐

包括人工林抚育间伐和天然林抚育间伐。

人工林抚育间伐开始期和间伐强度根据林分密度、幼林抚育状况、培育目标、生境条件等不同而决定。

人工林抚育间伐目的是择目标树，伐除干扰树，为保留木的树冠发育拓展空间，促进目标树的径生长，促进形成通直主干。

天然林的经营目标是实现复层异龄混交林。抚育间伐（择伐）形成的林窗对于栓皮栎林的更新恢复有重要意义，不同大小的林窗对幼苗生长发育的影响有差异。抚育间伐时创造面积为150~200米^{2}的林窗，林分郁闭度保持在0.75左右，以改善林地生境，促进种子萌芽和实生幼苗及萌生幼苗的生长发育，提升林木质量。

（3）低产林分抚育改造

对栓皮栎天然次生混交林进行低产林分抚育改造时，应选优除劣，砍去过密的萌条与畸形、生长不良的植株，淘汰部分非目的树种，改善林分组成，增加通风透光度和减少栓皮的腐烂。

对于栓皮栎天然次生纯林，对其进行低产林分抚育改造时，可以提前1~2年在次生林中选择间伐对象，环剥林木基部的韧皮部，待其产生干基萌苗后再行砍伐，以促进快速恢复。

对于栓皮栎矮林经营，若需培养小径级木材，除萌留壮处理时，每个树桩以保留1个粗壮萌条为宜。若培育能源林，每个树桩以保留2~3个萌条为宜。

第十二节　青钱柳

青钱柳（图4–7），胡桃科青钱柳属树种。

一　形态特征

1.树型

乔木，高10~30米。

图4–7　青钱柳

2.枝叶

枝条呈黑褐色，具灰黄色皮孔。芽密被锈褐色盾状着生的腺体。奇数羽状复叶长约20厘米，具有7~9片小叶，叶柄长3~5厘米，密被短柔毛或逐渐脱落而无毛，小叶纸质，长椭圆状卵形至阔披针形，长5~14厘米，宽2~6厘米，基部歪斜且呈阔楔形至近圆形，顶端钝或急尖、稀渐尖。顶生小叶具有长约1厘米的小叶柄，长椭圆形至长椭圆状披针形，长5~12厘米，宽4~6厘米，基部楔形，顶端钝或急尖。叶缘具锐锯齿，侧脉10~16对，上面被有腺体，仅沿中脉及侧脉有短柔毛，下面网脉明显凸起，被有灰色细小鳞片及盾状着生的黄色腺体，沿中脉和侧脉生短柔毛，侧脉腋内具簇毛。

3.花

雌雄同株，雌、雄花序均为柔荑状。雄性柔荑花序长7~18厘米，3条或稀2~4条成一束生长于长3~5毫米的总梗上，总梗自1年生枝条的叶痕腋内生出，花序轴密被短柔毛及盾状着生的腺体。雄花具长约1毫米的花梗。雌性柔荑花序单独顶生,花序轴常密被短柔毛,老时毛常脱落而成无毛,在其下端不生雌花的部分常有一片长约1厘米的被锈褐色毛的鳞片。

4.果

果序轴长25~30厘米,无毛或被柔毛。果实扁球形,直径约7毫米,果梗长1~3毫米,密被短柔毛,果实中部围有水平方向的直径3~6厘米的革质圆盘状翅,顶端具有4枚宿存的花被片及花柱,果实及果翅全部被有腺体,在基部及宿存的花柱上则被稀疏的短柔毛。

二 生物特性

1.物候期

青钱柳花期为4—5月,果实成熟期为7—9月。

2.生境

青钱柳喜生长在山地湿润的森林中。

三 经济价值

青钱柳树姿优美,果似铜钱,是优良的观赏绿化树种。树皮、树叶具有清热解毒、止痛功能,可用于治疗顽癣,长期以来民间用其叶片做茶。研究表明,青钱柳中含有人体所必需的钾、钙、镁、磷等常量元素,以及对人体保健有重要作用的微量元素,如锰、铁、铜、锌、硒、铬、矾、锗等,还含有黄酮类、三萜类、多糖、甾醇、酚酸和氨基酸等有机化学成分。药理活性研究表明,青钱柳具有降糖、降脂、降压、抗肿瘤、抗氧化、抗菌和增强免疫力等多种作用,并且安全无毒。目前,已开发出以青钱柳叶为主要原材料的茶叶和功能食品,产品降糖、降脂、治疗痛风等效果显著。

四 苗木繁育

1.采种

选择干形好、生长健壮、无病虫危害的母树，在9—10月果实由青转黄时采种。采回的果实在通风干燥的室内阴干，搓碎果翅。

2.室内堆藏

选择靠近墙角的地方，先在地面铺5~10厘米厚的湿沙，再按一层种子一层沙子的顺序，堆高至距地面20~30厘米处，再往上面覆盖5~10厘米厚的沙子。

3.室外层积催芽

按照一层种子一层沙子的顺序，把种子撒于沙床上，厚度20~30厘米，上覆5~10厘米沙子，浇透水。床面覆盖稻草或遮阳网，层积至第三年早春。层积过程中发现沙子干燥时，应及时喷水，湿度以手握沙子成团但不滴水为宜。

4.整地作床

冬季土壤封冻前翻耕，整地深度大于30厘米。翻耕前撒硫酸亚铁8~10千克/亩。结合翻耕施入有机肥(有机质≥45%，氮磷钾≥5%)1800~2250千克/公顷 。圃地四周开挖排水沟，深度为50~60厘米。第二年春季播种前精细整地床，床高25~30厘米，宽100~120厘米，步道宽35~40厘米。

5.播种

2月下旬至3月中旬，在日平均气温≥15℃、地温≥10℃时即可播种。条播行距为25~30厘米，沟深3~5厘米，沟宽2~3厘米。将经过层积处理的种子均匀撒入播种沟内，覆土2厘米左右，并轻轻镇压，床面覆盖2~3厘米稻草或其他覆盖物，最后浇透水。

6.田期管理

播种后30~40天，待幼苗基本出齐，分两次揭除覆盖物，时间间隔约为5天。幼苗长高至7~10厘米开始间苗和补苗，苗木株距为20~25厘米。6月底定苗，留苗密度10000~12000株/亩。

结合人工除草进行松土。出苗期和幼苗生长初期宜多次适量浇灌，保持床面湿润。苗木速生期宜适当增加浇水次数和浇水量，从9月中旬开始，要逐渐减少浇水次数，维持苗木不干旱即可。6月初要进行第一次施肥，施肥量先少后多，苗木速生期追施尿素3~5次，每次1~1.5千克/亩，9月中旬停止追肥。

7.苗木出圃

地上部分生长停止后至春季萌动前起苗，修剪过长根系后进行苗木分级，分为两个等级：大于5厘米的Ⅰ级侧根数多于10条、主根长度大于20厘米、地径大于0.8厘米、苗高大于60厘米的为Ⅰ级苗，大于5厘米的Ⅰ级侧根数8~10条、主根长度15~20厘米、地径0.6~0.8厘米、苗高40~60厘米的为Ⅱ级苗。

五 林木培育

1.造林地选择

选择河岸冲积、山地缓坡、排水良好的迹地或背风湿润沟谷、山体中下部等作为造林地。土层厚度在0.5米以上，土壤容重在1.4以下，常年平均地下水位在1米以上。

2.造林密度

用材林造林初植密度为625~1111株/公顷，株行距为3米×3米或4米×4米。

叶用林造林密度为950~1333株/公顷，株行距为2.5米×3米或3米×3.5米。

3.造林整地

在造林前一年的秋冬季或造林当年的早春整地，整地前，清理林地杂灌。

对于坡度小于5°的造林地，可使用机械全面整地，垦深50~60厘米。

对于坡度5°~15°的造林地，可使用机械水平带状整地，沿等高线作业，带宽2米~2.5米，垦深50~60厘米。

对于坡度15°~25°或地形地貌较复杂的造林地，使用穴状整地，采用人工挖穴或机械挖穴，穴规格为50厘米×50厘米×60厘米。

按规划的种植点挖栽植穴，穴规格为60厘米×50厘米×50厘米。将穴内土块打碎，去除杂物。每穴施入充分腐熟和无害化处理后的农家基肥6~8千克或商品有机肥1千克，与碎土拌匀。

4.造林

造林时间为秋季落叶后至翌春萌芽前。

使用1年生裸根实生苗造林，当造林地杂草、灌木、石砾较多，坡度大于20°时，使用2年生裸根实生苗造林。

5.抚育

（1）用材林抚育管理

抚育年限为5年，每年抚育2次，时间分别为每年4月初和9月初，抚育内容主要是割灌、松土除草、整形修枝。

抚育时，将种植穴中心1米内的杂草和灌木割除掉，可将杂草和灌木平放在幼树的周围。如果杂草和灌木过多，可堆置于行间存放。杂草和灌木留存高度不得超过20厘米。

人工方式松土是以植株为中心，在穴面上进行松土，每年松土2次。第一次在原穴范围内松土，深度为5~10厘米，扩穴部分松土的深度为10~15厘米；第二次可加深至15~20厘米。

机械方式松土可采用行间带耕方式，并将新土培至苗木土痕以上1~2厘米，扶正苗木，踏实苗木根部。

实施农林间作时，行间的松土除草可结合农作物的松土除草工作完成。

抚育过程中，发现顶梢折断或顶芽受损的植株，应及时把苗木回剪到下边第一个完整侧芽上端1厘米处，使这个侧芽发育成为主梢。对枯梢苗，应选留苗木上部与主干夹角最小的一个侧枝，修剪时贴近树干，不留茬。用修枝锯修剪粗枝时，可先在侧枝下方锯一浅口，然后由上向下锯，避免侧枝断裂时撕裂树皮。修枝后，及时剪去下部主干上长出的萌条。修枝强度一般为：生长1~4年的幼树可少量修枝，生长5~10年的修枝到树高的三分之一处，10年以后可修枝到树高的五分之三处。

（2）叶用林抚育管理

造林后的前3年可间作豆科作物、花生、紫云英等矮秆作物或绿肥植物，间作的植物要与青钱柳保持50厘米左右的距离。

造林后的前3年，每年要除草2次，分别于5月和9月进行，除草原则是除早、除小和除了。造林3年后，若杂灌杂草影响树木生长发育，则要将植株四周0.5米范围内的草灌和藤蔓全部割除，平铺于树盘周围。

造林后的前3年结合除草进行松土。第一次松土深度为5~10厘米，第二次加深至10~20厘米。

造林3年后，每年垦复1次，深度为15~30厘米，在秋季采收后进行。对于坡度小于5°的缓坡地，可进行全园深翻。对于坡度在5°~15°的造林地，可进行株行间深翻。对于坡度在15°~25°的造林地，可进行扩穴深翻。

造林后的前3年，每年要结合松土除草进行施肥，可施用商品有机肥1~1.5千克/（株·次）。造林3年后，每年要施肥2次，分别在春夏采收和秋季采收后进行，施肥量为1.5~2.5千克/（株·次），用量应根据树龄和长势逐年增加。施肥时沿树冠外缘垂直投影处开环状沟，沟深30厘米以上，将肥料均匀施于沟内，再盖土压实。

造林后第3年可开始采收叶片。采收时间为4—6月，每隔20~30天采收一次。采摘时每一根枝条适当保留一些芽和叶，每次采收量应小于全树叶量的60%。9月至10月初进行秋季采收，保留树冠上部10%~20%的叶片，将其余叶片全部采收。

第十三节　檫木

檫木（图4–8），樟科檫木属树种。

一 形态特征

1.树型

落叶乔木，高可达35米，胸径达2.5米。

2.枝叶

树皮幼时呈黄绿色且表面平滑，老时变灰褐色且呈不规则纵裂。叶呈卵形或倒卵形，长9~18厘米，先端渐尖，基部楔形，叶全缘或2~3浅裂，两面无毛或下面沿脉疏被毛，羽状脉或离基三出脉。叶柄长2~7厘米，无毛或稍被毛。

图4–8　檫木

3.花

花序长4~5厘米，花序梗与序轴密被褐色柔毛；雄花花被片披针形，长约3.5毫米，疏被柔毛，能育雄蕊长约3毫米，花药均4室，退化雄蕊长1.5毫米，退化雌蕊明显。

4.果

果近球形，直径达8毫米，成熟时呈蓝黑色而带有白蜡粉，着生于浅杯状的果托上。果梗长1.5~2厘米，上端渐增粗，无毛，其与果托都呈红色。

二 生物特性

1.物候期

檫木花期为3—4月，果实成熟期为5—9月。

2.生境

檫木常生长在疏林或密林中。

三 经济价值

檫木以用材为主要用途。木材呈浅黄色，材质优良，细致耐久，年轮明显、宽而均匀。心材与边材区别明显，边材窄，一般为浅褐色或浅黄褐色，略带红色，心材则为栗褐色或暗褐色。材质软硬适宜，重量适中，性质坚韧，富有弹性，抗压力、抗腐蚀性强，耐水湿。加工容易，切面光滑，油漆后光亮性好，胶黏牢固，握钉力中，不易钉裂。

檫木根和树皮入药，有祛风除湿、活血散瘀的功效，可治扭挫伤和腰肌劳伤，还可做发汗利尿剂。全株含有油性细胞，尤其是叶和果中含量很高，可作为香料资源。种子含20%的梓油，用于制造油漆，还可做塑料工业上的增塑剂。树皮和根含5%~8%鞣质，可供鞣皮制革。

檫木树形挺拔，晚秋红叶鲜艳悦目，还是良好的风景林树种。

四 苗木繁育

1.催芽

檫木种子具有休眠期长、发芽不整齐、2~3年才能全部发芽出土的特点。因此，播种前要做好催芽工作，催芽前要先用冷水浸种24小时，再用0.5%浓度的高锰酸钾溶液浸种消毒20~30分钟，然后用清水洗净，倒入40℃左右的水中，浸种0.5小时，再进行催芽。可在竹箩筐内垫一层用热水烫过的稻草，放入经过浸种消毒的种子，盖上一层热稻草并压实，定时翻动，每天用40℃的热水冲洗一次，种子保持在20~30℃，经4~5天种子开始裂嘴后即可播种。

2.播种

播种时间一般以2月至3月中旬为宜，最迟不超过谷雨。经过粒选催芽的种子用开沟点播法，沟距20厘米，点距15~18厘米，用黄心土或火烧土覆盖，厚度为1~2厘米，再往上盖一层薄薄的稻草，播种密度15~23千克/公顷。

3.苗期管理

播种后，经过20~30天才能发芽整齐，在此期间应加强田间管理，经常检查幼苗出土情况，及时揭草，还要注意雨后清沟排水。苗期除草6~8次，松土3~4次。间苗时间宜选择在5月下旬至6月初，待幼苗生长至10~20厘米高时，选择阴雨天进行。

苗期追肥要做到量少勤施，浓度逐渐增大。圃地贫瘠、基肥不足、苗木生长不良时，初期可用稀薄的人粪尿或化肥追肥2~3次，促使根系发育。中期结合抗旱追施氮肥1~2次。檫木幼苗畏霜怕冻，秋后以施钾肥为主，停施氮肥，以促进苗木木质化，提高抗寒能力。一般情况下，檫木1年生苗高1米左右，前期稍慢，在9—10月长势旺盛。出圃时根据《主要造林树种苗木质量分级》(GB 6000—1999)进行分级：Ⅰ级苗标准为苗高90厘米以上、地径1.1厘米以上、根系长20厘米、大于5厘米长的Ⅰ级侧根数为10根；Ⅱ级苗标准为苗高60~90厘米、地径0.7~1.1厘米、根系长18厘米、大于5厘米长Ⅰ级侧根数为4根。

五 林木培育

1.造林地选择

营造纯林时，宜选择土层深厚、疏松肥沃、湿润、排水良好的酸性或微酸性的山地红壤、黄红壤，不宜选用低洼积水地、干燥瘠薄的丘陵山地和阳光直射的西南坡等。

营造混交林选择中等肥力的造林地即可。

2.林地整理

一般可采用带状整地。造林地坡度在20°以上时，宜采用穴状整地，穴规格为60厘米×40厘米×40厘米。

3.造林时间

造林季节以1—2月为宜。多采用植苗造林，在干旱或冻害地区，可利用檫木萌芽力强的特点，采用截干造林。在冬季无严重冻害的地区，尽可能在檫木落叶之后造林。

4.造林密度

檫木为速生喜光树种，侧枝横长，需光量大，纯林应适当稀植。过密种植会使林分林木营养空间不足，自然整枝过于强烈，导致生长不良。过稀种植则会使枝叶稀疏，林地透光度大，杂草滋生，树皮易被灼伤，导致心腐早衰，生长不稳定。因此，立地条件较好的，初植密度应为900~1100株/公顷；立地条件中等的，初植密度应为1200~1650株/公顷。

多数檫木人工纯林早衰，效果欠佳，一般提倡营造混交林，檫木与杉木、金钱松、锥栗等树种混交效果较好。檫木早期生长快，冠幅扩展，不论与何种树种混交，在造林初期，檫木均迅速占据上层营养空间，对其他混交树种生长的影响程度取决于檫木所占的比例。杉檫混交比例通常以7:3比较合理，两种树种共生互惠，生长良好。若采用星状混交，檫木以300株/公顷以下为宜；若采用行间混交，则以450株/公顷左右为宜，且行距最好保持在2.3~2.5米，其中，杉木株距不超过2米，檫木的株距不超过3米。杉檫混交林的单位面积蓄积量比杉木纯林大17%~32%，檫木和金钱松混交林单位面积蓄积量比檫木纯林高40%，且土壤有机质含量增长1倍。

5.幼林抚育

造林后的前2年，每年除草和松土1~2次，第3年后割除杂草，进行块状松土。6—9月是檫木生长旺盛期，其生长量占全年总生长量的70%以上，在 5—6月或8月中下旬至9月进行抚育，抚育时切忌伤及嫩枝、新梢、树皮和根部，以免引起腐烂。

6.抚育间伐

檫木林分生长5~6年或7~9年时，郁闭度在0.8以上，自然整枝明显，可实施首次间伐，生长10年的以保存750~900株/公顷为宜。檫木与杉木等树种混交，应适时间伐，调整组成比例，调节种间关系。例如，杉檫混交林，当檫木混交比例大于三分之一时，间伐时多砍檫木，少砍杉木。

第十四节　黄檀

黄檀，豆科黄檀属树种。

一 形态特征

1.树型

乔木，高10~20米。

2.枝叶

树皮暗灰色，呈薄片状剥落。幼枝软，黑色，薄微微柔毛。羽状复叶长15~25厘米，托叶披针形，小叶3~5对，呈椭圆形或长圆状椭圆形，长3.5~6厘米，先端钝或微凹，基部呈圆或宽楔形，两面无毛。

3.花

圆锥花序顶生或生于最上部的叶腋间，连总花梗长15~20厘米，径10~20厘米，疏被锈色短柔毛；花密集，长6~7毫米，花梗长约5毫米，与花萼同疏被锈色柔毛；基生和副萼状小苞片卵形，被柔毛，脱落；花萼钟状，长2~3毫米，萼齿5，上方2枚阔圆形，近合生，侧方的卵形，最下一枚披针形；花冠白色或淡紫色，长倍于花萼，各瓣均具柄，旗瓣圆形，先端微缺，翼瓣倒卵形，龙骨瓣半月形，与翼瓣内侧均具耳；雄蕊10，成5+5的二体；子房具短柄，除基部与子房柄外，胚珠有2~3粒，花柱纤细，柱头小，头状。

4.果

荚果呈长圆形或阔舌状，长4~7厘米，宽13~15毫米，顶端急尖，基部渐狭成果颈，果瓣薄革质，对种子部分有网纹，有1~3粒种子，种子肾形，长7~14毫米，宽5~9毫米。

二 生物特性

1.物候期

黄檀花期为5—7月，果实成熟期为11—12月。

2.生长环境

黄檀生于山地林中或灌丛中，在山沟溪旁及有小树林的坡地上较为常见。

三 经济价值

黄檀木材呈黄色或白色,材质坚密,能耐强力冲击,常用来制作车轴、榨油机轴心、枪托、各种工具柄等。黄檀根做药用,可治疗疔疮。

四 苗木繁育

1.种子采收、处理与贮藏

选择生长10年以上、健壮、无病虫害、树干通直圆满、结实状况好的优势木采种。黄檀荚果在11—12月大量成熟,当果皮由黄绿色变成黄褐色时即可采收。采回荚果要暴晒1~2天,待果荚干透即可揉搓,去除杂质后可获得带部分果荚的种子(因果荚与种子紧密相连难去除),稍阴干即可装袋保存或直接播种。种子在低温条件下(0~5℃)贮藏6个月仍具有较高发芽率,完全去除果荚的种子发芽率低于带果荚种子的发芽率,建议带果荚低温保存。

2.播种

圃地要求通气排水良好、土质疏松的沙质壤土或轻壤土。为避免和减少病虫害,尽量不用熟耕地,如用熟耕地一定要严格消毒,且要反复消毒2~3次。

播种时间选择在3—4月。播种前用清水浸种24小时，清洗后捞出晾干,采用撒播的方法,将种子均匀撒播在床面上,然后覆盖约1厘米厚的细沙,淋透水后再覆盖一层薄草,或用遮阳网搭棚遮阴。其播种适宜温度为25℃左右。如气温较低时,苗床需覆盖塑料薄膜增温。种子约半个月发芽，新鲜饱满种子发芽率在90%以上。

3.移苗

育苗基质一般用70%~80%黄心土加20%~30%火烧土，再加2%钙镁磷肥进行配制，如黄心土的黏度很高，可掺三分之一左右的细沙，将各组分充分混匀后，用0.2%~0.3%浓度的高锰酸钾溶液消毒1~2天后进行装袋。亦可用35%锯末加15%炭化锯末，再加30%泥炭土和20%炭化谷壳配制轻基质。移植时需搭建遮阴棚，以保湿保温。1年后85%以上苗木地径大于0.5厘米、苗高大于30厘米，2年生时苗木地径大于1.0厘米。

五 林木培育

1.立地选择

黄檀为喜光树种，喜温暖，不耐霜冻，对土壤要求不严，较耐旱耐贫瘠，在各种母岩发育的土壤上均能生长。

2.整地

采用带状或块状整地，带宽1.5~2.0米，也可直接挖穴（50厘米×50厘米×40厘米）。施基肥有利于黄檀快速生长，一般每穴施2~3千克有机肥或200~300克复合肥，然后加300克钙镁磷肥。

3.造林

黄檀为喜光树种，树冠宽大舒展，造林株行距通常采用3米×4米或3米×3米，在交通方便的林地也可采用2米×3米的株行距，6~8年后移植一半树木。还可采用1.5米×2.0米的株行距，在4~5年和7~9年后分2批分别移植一半的树木。

4.抚育

夏季种植后，要在当年9月进行松土、除草1次。春季种植后要在当年抚育2次，一次在造林后2个月左右，一次在9月前后。从第二年起的3年内，每年要松土扩穴2次，分别在5—6月和10—11月进行。追肥宜结合松土进行。造林当年第一次追施尿素50克/株，第二次追施复合肥150~300克/株；第二年在雨季前和雨季末各追肥1次，每次施复合肥150~300克/株；第三至六年每年施肥1次，每株追肥250~350克。

黄檀树冠宽大，应根据不同培育目标调整林分密度。一般来说，培育胸径50~60厘米的大径材林，保留13株/亩左右；培育胸径40~45厘米的树木，宜保留20株/亩左右；培育胸径30~35厘米的树木，可保留35株/亩左右；培育胸径20~25厘米的树木，保留树木50株/亩左右。采用2米×3米株行距造林，8年后平均胸径在12~14厘米，需分批移植一半的树木，为保留木腾出生长空间；13~14年前后平均胸径在20厘米以上，如培育目标是胸径30~35厘米的树木，需间伐或移植三分之一左右林木。初始造林密度55株/亩，在培育胸径20~25厘米的树木时可不进行间伐或移植。黄檀一般在胸径为6~10厘米时开始形成心材，平均胸径13厘米时心材为3~5厘米，但材质较差，此时不提倡间伐，可根据实际情况进行移植。3月末发叶之前带土球移植，成活率在95%以上，但树冠恢复需要2年左右的时间。带土球移植时需少量修枝，裸根移植时需高强度修枝。移植有利于心材的形成，同时可提高心材比例。胸径20~25厘米的树木，心材在12~15厘米，可根据情况决定间伐或移植。

第十五节　鹅掌楸

鹅掌楸（图4–9），木兰科鹅掌楸属树种。

图4–9　鹅掌楸

一 形态特征

1.树型

乔木，高达40米，胸径1米以上。

2.枝叶

小枝呈灰色或灰褐色。叶为马褂状，长4~12厘米，近基部每边具1侧裂片，先端具2浅裂，下面为苍白色，叶柄长4~8厘米。

3.花

花杯状，径5~6厘米。花被片9，外轮绿色，萼片状，向外弯垂。雄蕊多数，花药长1~1.6厘米，花丝长5~6毫米。花期雌蕊的心皮数量多且呈黄绿色。

4.果

聚合果，纺锤形，长7~9厘米，具翅的小坚果长约6毫米，顶端钝或钝

尖，具种子1~2颗。

二 生物特性

1.物候期

鹅掌楸花期为5月，果实成熟期为9—10月。

2.生境

鹅掌楸常生长在山地林中。

三 经济价值

鹅掌楸通直圆满，树冠为伞形，花美叶奇，秋叶金黄，是著名的观赏树木。其树冠浓郁，病虫害少，对二氧化硫和氯气有较强的抗性，是城市绿化和行道树的很好选择。鹅掌楸生长快，木材呈淡红褐色，纹理美观，质软较轻，结构细致，强度适中，易干燥，还可制胶合板，是珍贵的优质用材树种，亦可用于营造纸浆林。叶、根、树皮均可入药。

四 苗木繁育

1.扦插育苗

扦插育苗通常在落叶后至翌年3月上中旬进行。方法是选择健壮母树，剪取穗条，穗长15厘米左右，每穗应具有2~3个饱满的芽，下端切成平口，插入土中四分之三。扦插时使用 ABT 生根粉，可促进插枝形成不定根，提高扦插成活率。扦插株行距为20厘米×30厘米。当1年生苗高60~80厘米时，即可出圃定植，部分小苗可留养一年再用于造林。

2.播种育苗

鹅掌楸果实成熟期在10月，果实呈褐色时即可采收，选择生长健壮的树龄15~30年的林木为采种母树。果枝剪下后放在室内摊开阴干，经7~10

天，然后放在日光下摊晒2~3天，待具翅小坚果分离去杂后干藏备用。

选择避风向阳、土层深厚、肥沃湿润、水源充足、排水良好的沙质壤土为育苗地，秋末冬初进行深翻。翌年春季，结合平整圃地施足基肥，挖好排水沟，修筑高床，床高25~30厘米、宽1~1.5米，步道宽30~35厘米。

条播育苗，播种前催芽，条幅宽20厘米、深3厘米，条距20~25厘米。在2月下旬至3月上旬播种，播种10~15千克/亩，播后覆盖细土并覆以稻草。播种时拌适量钙镁磷肥可利于生根。一般经20~30天出土，揭草后要及时中耕除草、间苗，适度遮阴，适时灌溉排水，酌施追肥。

1年生苗高一般40厘米，2年生苗可造林。培育大苗时第二年分床，分床后应在冬季进行适当整形修剪，培养适宜冠形，4~5年生的可出圃移植。

五 林木培育

1.造林

选择较为背阴的山谷和山坡中下部为造林地。如果将林木作为庭园绿化和行道树栽培，应选择土壤深厚、肥沃、湿润的地段。林地在秋末冬初要进行全面清理，定点挖穴，再于第二年早春施肥回土后造林。

造林株行距可采用2米×2米或2.5米×2.5米。

庭园绿化宜用大苗，株行距采用4米×5米，或用株距3~4米行植。

一般在3月上中旬进行栽植，而且提倡鹅掌楸和山核桃、木荷、板栗等进行混交造林。

2.抚育

定植造林后，连续抚育4~5年，抚育内容主要是中耕除草、追肥、培土。为了促使树干端直粗壮，应在秋末冬初时节进行适度修枝。

第十六节　香椿

香椿，楝科香椿属树种。

一　形态特征

1.树型

落叶乔木，高达25米。

2.枝叶

树皮粗糙，深褐色，片状脱落。

叶具长柄，偶数羽状复叶，长30~50厘米或更长。小叶16~20，对生或互生，纸质，呈卵状披针形或卵状长椭圆形，长9~15厘米，宽2.5~4厘米，先端尾尖，基部一侧圆形，另一侧楔形，不对称，边全缘或有疏离的小锯齿，两面均无毛，无斑点，背面常呈粉绿色，侧脉每边18~24条，平展，与中脉几成直角开出，背面略凸起。小叶柄长5~10毫米。

3.花

圆锥花序与叶等长或更长，被稀疏的锈色短柔毛，聚伞花序生于短的小枝上，多花。花长4~5毫米，具短花梗。花萼5齿裂或浅波状，外面被柔毛。花瓣白色，长圆形，先端钝，长4~5毫米，宽2~3毫米。雄蕊有10枚，其中5枚能育、5枚退化。花盘近念珠状，子房呈圆锥形，有5条细沟纹，每室有胚珠8颗，花柱比子房长，柱头为盘状。

4.果

蒴果呈狭椭圆形，长2~3.5厘米，深褐色，有小而苍白色的皮孔，果瓣薄。种子基部通常钝，上端有膜质的长翅，下端无翅。

二 生物特性

1.物候期

香椿花期为6—8月，果实成熟期为10—12月。

2.生境

香椿常生长于山地杂木林或疏林中，各地广泛栽培。

三 经济价值

香椿的嫩芽和叶含有多种营养物质，香味浓郁，脆嫩多汁，味甜无渣，富含挥发性芳香油，糖、蛋白质、胡萝卜素和维生素的含量均较高。种子可榨油，含油量为38.5%。同时，香椿的苗、根、皮及果均具有可观的药用价值，对葡萄球菌、肺炎球菌、伤寒杆菌和大肠杆菌等均有抑制作用；还有祛风利湿、止血镇痛的功能，对赤白久痢、痔漏出血和泌尿道感染等有明显疗效，是抗肿瘤的良药之一。香椿叶煮水能治疙疥风疸，泡菜可调治水土不服，我国民间有“食用香椿不染杂病”的说法。

香椿木材纹理细，木屑及根可提取芳香油，还可用作雪茄烟的赋香剂。此外，香椿树冠庞大，树干端直，是优良的用材树种。

四 苗木繁育

香椿的苗木繁育可分为播种育苗、根系育苗、扦插育苗、组培育苗等。

1.播种育苗

大量繁殖香椿多用播种育苗，播种育苗宜采用本地且必须选用当年收获或经恒温冷藏的种子。种子要饱满，颜色新鲜，净度在98%以上。一般情况下，发芽率可在80%以上。

2.根系育苗

断根育苗。选择生长健壮的香椿大树作为母株，在冬季落叶后或春季新叶尚未萌发前，在树冠投影部分范围内开挖环形沟，沟长2~3米、宽30~40厘米、深40~50厘米。切断母株侧根，并浇透水，再把挖出的土回填，促进根部萌发新芽，形成萌芽苗，然后在苗圃地上培育，株行距为50厘米×35厘米。

留根育苗。香椿起苗后，要及时进行圃地平整，并立即浇水，促使残留在土壤内的根系长成健壮苗木。

插根育苗。于3—4月，采集3~4年生幼树的0.5厘米以上的根系，然后剪成15~20厘米长的根段，随剪随插，促使幼根长成萌苗。

3.扦插育苗

利用香椿枝条做繁殖材料育苗，有硬枝扦插和软枝扦插两种方法。

硬枝扦插是在初冬香椿落叶后，在优良母树上选取1~2年生枝条做种条，将直径1~2厘米、无机械损伤、无病虫害、发育良好、木质化充分的枝条剪成15~20厘米长的插穗。

软枝扦插是在每年6—7月，在幼树根的萌生条上剪取丛生的嫩枝，即把主干根颈离地20厘米内、生长2个月左右且已半木质化的健壮枝条剪成10~20厘米长的插穗。将插穗下端剪成斜口，去除下端叶片，保留上部1~2片复叶。插条修剪好后，用生根粉浸泡30分钟后再进行扦插。

4.组培育苗

从香椿植株上剪取枝芽饱满的枝条，经过消毒灭菌，将顶芽及侧芽接种，经过培养、继代及生根，形成组培苗。

五 林木培育

1.造林地选择

香椿适应性广，在酸性土、钙质土或中性土（pH为5.5~8.0）中均能生长。宜选择阳坡土层深厚、湿润、肥沃、排水良好的沙壤土作为造林地，以达到速生丰产效果。

2.造林密度

根据培育目标确定香椿造林的初始种植密度。

以培育顶芽嫩叶为培育目标的，要适当密植，栽植200~300株/亩，株行距为1米×1米或1.5米×2米。

以生产木材为培育目标的，密度宜稀，宜栽植160~200株/亩，株行距为2米×2米、1.5米×2米或2米×2.5米。

若采取香椿与农作物间作，行距应为20~40米，株距应为3~5米。

3.抚育

（1）幼林抚育

补植。补植时应按原造林设计的密度、配置进行补植，最好选用大苗，以保证林相完整。

松土除草。一般来说造林当年即可松土除草。前1~3年，每年松土除草2~3次。第4~5年，每年松土除草1~2次。此外，还应在每年秋季、冬季翻耕松土1次。

施肥。在秋季施有机肥，利于苗木来年生长，一般每亩施土杂肥3000~4000千克即可。生长季追肥，可以选择在发叶盛期，在速生期前、中期分期多次施肥，以施氮肥为主，并适当配合磷、钾肥，可施20~30千克/亩，施肥后要及时浇水。

修枝。对以培育优质用材林为目标的林分，应注意控制香椿侧枝的生

长,及时修枝,防止出现大的竞争枝,影响主干生长。

(2)间伐

在香椿成林阶段,可以实施抚育间伐,调整林分密度,改善林分环境条件,促进林木速生丰产。

间伐对象是枯死木、被压木、弯曲木、病虫害木、多头木和过密的林木。间伐次数一般为1~3次,间隔期一般为5~10年。

第十七节　香果树

香果树,茜草科香果树属树种。

一　形态特征

1.树型

落叶大乔木,高达30米,胸径达1米。

2.枝叶

树皮呈灰褐色,鳞片状。小枝有皮孔,粗壮,扩展。叶为纸质或革质,呈阔椭圆形、阔卵形或卵状椭圆形,长6~30厘米,宽3.5~14.5厘米,顶端短尖或骤然渐尖,稀钝,基部短尖或阔楔形,全缘,上面无毛,下面较苍白,被柔毛或仅沿脉上被柔毛。侧脉5~9对,在下面凸起。叶柄长2~8厘米,无毛或有柔毛。托叶大,呈三角状卵形,早落。

3.花

圆锥状聚伞花序顶生。花芳香,花梗长约4毫米;萼管长约4毫米,裂片近圆形,具缘毛,脱落;变态的叶状萼裂片呈白色、淡红色或淡黄色,为纸质或革质,呈匙状卵形或广椭圆形,长1.5~8厘米,宽1~6厘米,有纵平行脉数条，有长1~3厘米的柄；花冠呈漏斗形，一般为白色或黄色，长2~3厘米，被黄白色茸毛，其裂片近圆形，长约7毫米，宽约6毫米；花丝被茸毛。

4.果

蒴果，呈长圆状卵形或近纺锤形，长3~5厘米，直径1~1.5厘米，无毛或有短柔毛，有纵细棱。种子数量多，小而有阔翅。

二 生物特性

1.物候期

香果树花期为6—8月，果实成熟期为8—11月。

2.生境

香果树常生长在山谷林中，喜湿润而肥沃的土壤。

三 经济价值

香果树树干高耸，可作为庭园观赏树。其树皮纤维柔细，是制蜡纸及人造棉的原料。木材无边材和心材的明显区别，纹理直，结构细，是珍贵用材树种。

四 苗木繁育

1.播种育苗

选择易排、易灌的肥沃土壤为苗圃地，施腐熟饼肥50千克/亩，土壤消毒后作床。要求床面平整、土细，整平备播。

播种前，用40℃温水浸种，至冷却后再浸泡24小时。捞出种子，1份种子中混入2份锯末和1份黄沙，置入室内催芽15~20天，再进行播种。

在3月中旬进行播种，采用条播或撒播，播种子1千克/亩左右。播时，种子连同锯末、细沙一起撒入床面。播后镇压，然后覆盖草木灰或细粪

土，以不见种子为度，上面盖草，保持湿润。约1个月后，种子相继发芽出土。

幼苗生长缓慢，前3个月主要为地下根系生长，地上部分幼苗娇嫩，应注重喷灌保湿，遮阴除草，防止日灼伤害。

2.扦插育苗

选择土壤疏松、排水良好的沙质土壤作为扦插育苗苗圃地。

选择当年生嫩枝或2年生枝条作为插穗，插穗直径以0.4~0.6厘米为宜。采下的穗条用湿布包好或浸入清水中，剪截成5~10厘米的长度，上切口要平，每根插穗须留一根发育饱满的顶芽或在距上切口1~2毫米处留一根腋芽，并且芽上要带一枚叶片；下切口在芽的下方2~3毫米剪成马耳形，且切口要平滑。当天采回插穗，当天就要插完。

扦插前，在整理好的圃地上开一浅沟，插条入土深度为插穗长的三分之二左右，露出上切口、芽和叶片。扦插行距为10厘米，株距以叶片互不重叠为宜，插完即浇透水1次。

五 林木培育

1.造林

(1)立地选择

选择地势平坦、排灌方便、病虫害和杂草少、通透性好的沙质壤土为造林地。香果树喜酸性土壤，宜生长在透气、疏松、酸性的腐叶土上，最好选用山林中的腐叶土来栽培。

(2)整地

整地采取“二犁二耙”，在前一年的12月深耕，让土壤风化，使之结构疏松，增加土壤肥力，减少杂草，冻死越冬害虫。到第二年春天(约3月初)，在播种前10天耕耙，并进行土壤消毒和施基肥。基肥可施腐熟的饼肥150千克/亩和复合肥50千克/亩。进行土壤消毒时，应喷洒1%~2%浓度的硫酸亚铁溶液350~400千克/亩。苗床最好是东西向，采用高床（宽1.2米、高30厘米），土壤要求细碎。整个苗圃地喷洒丁草胺除草剂，待一周后，再在床面上铺2厘米厚过筛的黄心土，用板压平。

2.抚育

香果树苗木出齐后，要视杂草生长情况及时除草。6月下旬至9月上旬，要及时间苗，做到间早、间密、去弱留强、分次实施、间补结合，使幼苗分布均匀。为促进苗木正常生长，苗木长至5厘米高时要开始追肥，追肥的肥料以尿素为主，每月1次，浓度随苗木的生长逐渐加大。肥料的使用量为3~5千克/亩，还应在雨后撒或溶解在水中喷施。

第十八节　大叶榉

大叶榉，榆科榉属树种。

一 形态特征

1.树型

落叶乔木，高可达35米。

2.枝叶

树冠呈倒卵状、伞形。树皮呈灰褐色至深灰色，不裂，老时呈薄鳞片状剥落，叶卵状长椭圆形，长2~8厘米，表面粗糙。叶片为厚纸质，大小和形状变异很大，先端渐尖、尾状渐尖或锐尖，基部稍偏斜，圆形、宽楔形、稀浅心形，叶面绿，密被柔毛，边缘具圆齿状锯齿，叶柄粗短。

3.花

雄花簇生于叶腋，雌花或两性花常单生于小枝上部叶腋。

4.果

坚果小，核果与榉树相似。

二 生物特性

1.物候期

大叶榉花期为3—4月，果实成熟期为10—11月。

2.生境

大叶榉常生于溪间水旁或山坡土层较厚的疏林、沟谷、山坡，常与壳斗科、樟科等一些树种及毛竹之类组成混交林。大叶榉中等喜光，幼树耐庇荫。其土壤适应性强，喜温暖、湿润、肥沃的土壤，在酸性土、中性土、轻度盐碱土、石灰质土上均能生长，但在干燥瘠薄的地方生长不良。大叶榉为深根性树种，抗风能力强，同时对烟尘、有毒气体有抗性，寿命较长。

三 经济价值

大叶榉产于淮河及秦岭以南，属于国家二级保护树种，生长较慢，材质优良，木材致密坚硬，纹理美观，不易伸缩与反挠，耐腐力强，是珍贵的硬叶阔叶树种。其心材带紫红色，故有“血榉”之称。因光泽度好、花纹美观、纹理致密，耐磨、耐腐、耐水湿，大叶榉被列为家具用材一类材、特级原木。其树皮含纤维46%，可供制人造棉、绳索和作为造纸原料。

同时，大叶榉树姿高大雄伟，枝细叶密，秋叶呈红色，具有较高的观赏价值，可作庭荫树和行道树。同时，它还具有防风、净化空气、耐烟尘和抗二氧化硫的特性，是工厂绿化和四旁绿化的优良树种，也是制作盆景的好材料。

四 苗木繁育

1.播种育苗

（1）种子采集和处理

选择生长健壮、树干形直、分枝高、发育正常、无病虫害的20~50年生的大树作为采种母树。10月上旬至10月中下旬，当果实由青转黄褐色后，在母树下铺一张塑料薄膜，将果实敲落后收集，去杂，阴干后装于麻袋中，置阴凉通风处干藏或混沙湿藏。

（2）种子催芽

大叶榉有胚的健壮种子一般不到50%，变质涩粒及瘪粒一般占50%~60%。为了提高种子发芽率，保证出苗整齐，减少带菌涩粒在土壤中霉烂，在播种前需对种子进行浸种精选。方法是用清水浸种6~24小时，弃去漂浮的空瘪粒，余下饱满的种子晾于通风处备用。催芽前进行种子消毒，用50%多菌灵可湿性粉剂100倍液浸种消毒30分钟，捞出除杂滤干。用冷水浸种，种子与水的容积比为4:3，浸种12小时左右。将浸泡过的种子滤干水分，放入湿沙中催芽，湿沙用50%多菌灵可湿性粉剂100倍液消毒，每隔5~7天喷洒1次，连续3~4次，待35%左右种子露白即可播种。

（3）播种

选择背风向阳，地形平缓，土层深厚、肥沃、湿润的沙壤土至中壤土作为苗圃地。在秋末冬初进行深翻，深度25~30厘米，翌年春季碎土整平，施足基肥，按常规要求作床。采用条播，行距30厘米，选用纯度90%以上的种子播种。浅播并覆盖细土，播后覆草、锯木屑等保持土壤湿润。因大叶榉种子发芽率低，也可以采用两段式育苗，即先在苗床上培育芽苗，当芽苗长到5~8厘米后便进行移栽，株行距20厘米×20厘米。

(4)苗期管理

当芽苗出土50%~60%时,选阴天或晴天的傍晚,分批、分次撤除覆盖物,适时浇水,保持土壤湿润。当幼苗长出2~3片真叶时进行间苗、补缺,间苗后适当浇水,保留1个生长旺盛的主枝。同年的5—8月要加强水肥管理。

2.苗木出圃

一年生裸根苗出圃标准为:Ⅰ级苗,地径≥1.2厘米,苗高≥120厘米;Ⅱ级苗,1.2厘米>地径≥0.8厘米,120厘米>苗高≥80厘米。

一年生容器苗出圃标准为:Ⅰ级苗,苗高≥45厘米,地径≥0.4厘米;Ⅱ级苗,0.4厘米>地径≥0.3厘米,45厘米>苗高≥33厘米。

五 林木培育

1.造林

(1)立地选择

大叶榉喜光,喜肥沃、湿润的土壤,在海拔700米以下的山坡、谷地、溪边、裸岩缝隙处生长良好。因此大叶榉造林宜选土层肥厚湿润的酸性、中性土壤,山地成片造林时可选山麓、山谷或其他地势较平缓之处,也可选择四旁进行零星栽植。

(2)整地

大叶榉根系发达,整地规格宜大,山区可采用块状或带状整地。栽植穴以直径60~80厘米、深40~50厘米较好。

(3)造林

营造大叶榉纯林时,初植密度宜大,以抑制侧枝生长,促进高生长培育干形,具体可根据立地等级选择1.5米×1.5米、2米×1.5米或2米×2米。在2—3月树芽未萌动之前,用1年生实生苗栽植,栽植前用10%~15%的过磷酸钙泥浆蘸根，可提高成活率。大叶榉对肥料反应敏感，有条件的地区应在穴底施基肥，每穴施饼肥100克、磷肥60克、厩肥1500克比较好，可提高树高生长量11%、直径生长量31%，从而促进郁闭成林。

栽植时对苗木进行分级使用，这样林木生长一致，林相整齐，便于管理。栽植过程中要求根系舒展，严禁大土块和石块压在根部，回填土要实，填土深度以至苗根颈部上3~6厘米为宜。

除营造纯林外，还可根据不同的立地条件营造混交林，如在山顶和山脊可分别栽植马尾松和栎类，在山脚、山腰栽植大叶榉，形成马尾松、大叶榉、栎类块状混交林。在立地条件好的山坡下部，可栽植杉木、大叶榉混交林。

2.抚育

大叶榉造林后3~4年内要加强中耕除草抚育，以促进幼林快速生长。每年4—5月和8—9月各进行一次抚育，疏松土壤、扩穴、清除杂草，并将杂草和灌丛枝叶埋在树基周围，使其腐烂后增加土壤养分和有机质，连续抚育2~3年。

郁闭后，要及时修枝，培养主干。修枝要适当，修得过少达不到修枝目的，若修枝过度则使叶面积减少，从而影响光合作用，因此应以修除过强和细弱的侧枝为基本原则。

成片栽植的林分，由于栽植时初植密度较大，需在幼林郁闭后适时开展间伐，间伐次数及强度根据培育目标和生长势具体确定。

第十九节 榔榆

榔榆（图4-10），榆科榆属树种。

一 形态特征

图4-10 榔榆

1.树型

落叶乔木，冬季叶变为黄色或红色，宿存至第二年新叶开放后脱落，高达25米，胸径可达1米，树冠呈广圆形。

2.枝叶

树皮呈灰色或灰褐色，裂成不规则鳞状薄片剥落，露出红褐色内皮，平滑，微凹凸不平。当年生枝密被短柔毛，呈深褐色。冬芽呈卵圆形，红褐色，无毛。叶质地厚，呈披针状卵形或窄椭圆形，稀卵形或倒卵形，中脉两侧长宽不等，长2~8厘米，宽1~3厘米，先端尖或钝，基部偏斜，楔形或一边圆。叶面深绿色，有光泽，除中脉凹陷处有疏柔毛外，余处无毛，侧脉不凹陷。叶背色较浅，幼时被短柔毛，后变无毛或沿脉有疏毛，或脉腋有簇生毛，边缘从基部至先端有钝而整齐的单锯齿，稀重锯齿（如萌发枝的叶），侧脉每边10~15条，细脉在两面均明显，叶柄长2~6毫米，仅上面有毛。

3.花

秋季开花，3~6朵成簇状聚伞花序，花被上部杯状，下部管状，花被片4，深裂近基部，常脱落或残留。

4.果

翅果，呈椭圆形或卵状椭圆形，长1~1.3厘米，顶端缺口柱头面被毛，余无毛，果翅较果核窄，果核位于翅果中上部。果柄长1~3毫米，疏被短毛。

二 生物特性

1.物候期

榔榆花果期为8—10月。

2.生境

榔榆喜气候温暖，以土壤肥沃、排水良好的中性土壤进行栽培最为适宜。

三 经济价值

榔榆边材呈淡褐色或黄色，心材呈灰褐色或黄褐色，材质坚韧，纹理直，耐水湿，可作为家具、车辆、造船、器具等用材。树皮纤维纯细，杂质少，可作为蜡纸及人造棉原料，或织麻袋、编绳索，亦供药用。

四 苗木繁育

榔榆的繁殖方法主要是播种繁殖和扦插繁殖，但榔榆的种子获取比较困难，用一般的扦插方法成活率也仅为20%~40%。

榔榆插穗采自1年生或2年生枝条，插穗长为7~8厘米。为了解决榔榆不易生根的问题，对插穗扦插前进行药剂处理。

扦插基质，一般要求洁净、保水性强和温差小，并具有良好的排水性和透气性。扦插基质可采用生产蘑菇后废弃的棉籽皮。该基质不仅具有透气、透水、保湿性好的特点，而且含菌量低，插穗不易腐烂，价格便宜。

插床设置在背风向阳处，以避免因风大出现插穗过度蒸腾等影响成活率。插床东西走向，总长15米、宽2米、高0.4米，分隔成4个大小不同的插床。两侧分设深0.2米、宽0.3米的排水沟。扦插基质厚度为0.4米，下面铺设厚3厘米、直径1~5厘米的石子为渗水层，水由渗水层可直接流至排水沟内。在插床中间距床面0.8米处，安置直径为6厘米的喷雾器，两侧每间隔2米安装一个直径为1.8厘米的圆形喷头，喷嘴直径0.1厘米，喷雾范围1.5米，双侧同时喷雾。

扦插时，先将插床内基质铺好，然后将插穗垂直插入疏松的基质内，插穗的株距为4厘米，行距为8厘米。扦插的深度为插穗的三分之一。随即喷雾，使基质吸水下沉，与插穗紧贴。

五 林木培育

在土层较厚、土壤肥沃、水分条件较好的地方造林容易成活。

造林采用2~3年生的大苗，先挖直径50~60厘米、深50厘米的大穴，剪去苗木过长的主根，将苗木植入穴中，填入细土踩实，然后浇水并培土。

栽植后2~3年内进行松土、除草和培土。幼龄期发枝较多，应及时修剪整枝，不同季节修剪侧重点不同。冬季幼树落叶后至翌春发芽前，将当年生主枝剪去二分之一，剪口下3~4个侧枝剪去，其余剪去三分之二。夏季生长期剪去直立强壮侧枝，以促进主枝生长。按照“轻修枝，重留冠”的原则，不断调整树冠和树干的比例。2~3年的幼树，树冠要占全树高度的三分之二。根据培育目的的不同，确定树干的高度，达到定干高度后，不再修枝，使树冠扩大，可加速树木生长。

第二十节　榉树

榉树（图4-11），榆科榉属树种。

图4-11　榉树

一　形态特征

1.树型

乔木，高达30米，胸径达100厘米。

2.枝叶

一年生枝疏被短柔毛，后渐脱落。树皮呈灰白色或褐灰色，不规则片状剥落。叶卵形、椭圆形或卵状披针形，长3~10厘米，先端渐尖或尾尖，基部稍偏斜，圆形或浅心形，稀宽楔形，上面幼时疏被糙毛，后渐脱落，下面幼时被柔毛，后脱落或主脉两侧疏被柔毛，圆齿状锯齿具短尖头，侧脉7~14对。叶柄长2~6毫米，被柔毛。

3.花

雄花梗极短，花径约3毫米，花被裂至中部，裂片6~7，不等大，被细毛。雌花近无梗，直径约1.5毫米，花被片4~5，被细毛。

4.果

核果呈斜卵状圆锥形，上面偏斜，凹下，直径2.5~3.5毫米，具背腹脊，网肋明显，被柔毛，花被宿存，几无柄。

二　生物特性

1.物候期

榉树花期为4月，果实成熟期为9—11月。

2.生境

榉树喜生长在河谷、溪边疏林中，在湿润、肥沃的土壤中长势良好。

三 经济价值

榉树是极佳的风景林树种。同时，榉树皮和叶还可供药用。《名医别录》记载："榉树皮煎服之夏日作饮去热。"《嘉祐补注本草》云："榉树皮味苦无毒，下水气，止热痢，安胎主妊娠人腹痛。"又云："叶冷无毒，治肿烂恶疮。"

四 苗木繁育

榉树采种较困难，生产上可采用硬枝扦插和绿枝扦插育苗。

1.硬枝扦插

穗条取自1~2年生健壮的枝条，插穗长10厘米、粗0.5~1厘米为好，每个插条上至少含有2个健壮、饱满的腋芽。用ABT6号生根粉浸泡，浓度50~100毫克/升，浸4小时。扦插时间以春季为宜，当年苗高可达100厘米。

2.绿枝扦插

宜在6月上旬进行，从当年生半木质化的粗壮嫩枝上剪取带2~3片叶的插穗，用ABT6号生根粉浸泡处理。扦插苗床基质以沙子与黄心土的1:4混合物为宜，其中黄心土为石灰岩发育的红壤。扦插密度以插穗间枝叶互不接触为宜。扦插深度为插条长度的三分之一左右。扦插后浇透水，覆盖薄膜，并用遮阳网遮阴。扦插前期要做好保湿、消毒等工作；中期要揭除薄膜，逐步移去遮阴物炼苗；后期要做好除草、施肥等工作。

五 林木培育

1.造林

选择低山丘陵区或山区土壤肥沃、湿润的山麓、山谷等处为造林地。

栽植前细致整地，栽植穴规格为50厘米×50厘米×40厘米。

栽植季节宜在2—3月，选取无风的阴天或小雨天气。

栽植前用10%~15%的过磷酸钙泥浆蘸根，以提高成活率。

栽植时根要舒展，不能弯曲，回填土要实，栽植深度一般在原根颈以上3~5厘米为宜。

栽植密度适当大些，以后再进行疏伐，或与栎类混交，以后伐除伴生树种，形成纯林。既可利用其侧方庇荫抑制侧枝生长，促进高生长，又可在伴生树种间伐时获得间伐材。造林密度2500~3333株/公顷，株行距可为2米×1.5米或2米×2米。

2.抚育

苗木栽植后的5年内，每年抚育2次，分别于6月和8—9月进行。抚育措施主要是修枝。榉树是合轴分枝，发枝力强，顶芽常不萌发，每年春季由梢部侧芽萌发3~5个竞争枝，直干性不强，在自然情况下，多形成庞大树冠，不易生出端直主干。为培养端直主干，栽后每年需修剪。此外可采用纵伤的办法，促进树干直径生长，即在榉树胸径为4~5厘米时，每年春季萌芽时，用利刀在树干上划几道纵切口，深达木质部。在幼林郁闭后要及时进行间伐，以防植株过密影响生长。

第五章 裸子植物和针叶类树种

第一节 银杏

银杏(图5-1),银杏科银杏属树种。

一 形态特征

1.树型

落叶大乔木,树干端直,高可达40米,胸径5米。幼树树皮呈浅灰色,近平滑。大树树皮呈灰褐色,不规则深纵裂,粗糙。

图5-1 银杏

2.枝叶

银杏有长枝与生长缓慢的短枝。一年生长枝呈淡黄褐色,二年生以上变为灰色。在长枝上叶互生,在短枝上叶片3~5片呈簇生状,有细长的叶柄,扇形,两面呈淡绿色,在宽阔的顶缘具缺刻或2裂,宽5~8厘米,具多数叉状并排细脉。幼树及萌蘖枝上的叶中部缺裂较深,叶柄长。

3.花

银杏雌雄异株,稀同株。球花单生于短枝的叶腋,雄蕊多数,各有2枚花药。雌球花有长梗,梗端生1个具有盘状珠托的胚珠,常1个胚珠发育成种实。

4.果

银杏种实呈椭圆形、倒卵形或近圆球形,熟时为黄色或橙黄色,外被白粉,外种皮肉质,中种皮白色、骨质,具2~3条纵脊,内种皮膜质,胚乳肉质,种核300~400粒/千克。

二 生物特性

1.物候期

银杏花期为3月下旬至4月中旬,种实成熟期为9—10月。

2.生境

银杏对环境具有较强的适应性和抗逆性,对水分条件有较高的要求,对降水的适应幅度较大。降水量过多时,只要排水条件良好,对银杏的生长发育并无不利的影响;但如果排水不良,则对银杏的生长极为不利,涝渍时间过长则会导致死亡。银杏不仅要求充足的土壤水分,还喜爱湿润的空气环境。

银杏属于强喜光树种,光照不足时生长不良。此外,银杏对光照的要求还因树龄的增长而有所变化。

银杏对土壤的要求不是十分严格。无论在花岗岩、片麻岩、石灰岩、页岩及各种杂岩风化成的土壤上,还是在沙壤、轻壤、中壤或黏壤上,均能生长。但银杏最喜深厚肥沃、通气性良好、地下水位不超过1米的沙质壤土。

三 经济价值

银杏为中生代孑遗的稀有树种，系我国特产。

银杏是速生珍贵用材树种，边材为淡黄色，心材为淡黄褐色，结构细，质轻软，富弹性，易加工，有光泽，不易开裂，不反挠。种子供食用(但是多食容易中毒)及药用。叶可供药用和制杀虫剂，亦可做肥料。种子的肉质外种皮含白果酸、白果醇及白果酚，有毒。银杏树形优美，春季和夏季叶色嫩绿，秋季变成黄色，颇为美观，可作为庭园树及行道树。

四 苗木繁育

1.播种育苗

选择品种优良、抗逆性强、速生丰产的植株作为母树，待种子自然成熟后进行采种。经过贮藏，种胚继续生长直至发育完全。

播前催芽，常用的方法有室内恒温或变温催芽、室外温床催芽、加温催芽等三种。

播种一般采用春播。播种时间为3月中下旬至4月上中旬，未经长时间催芽的，则需提前1周以上。播种方法常采用点播，大面积播种可用机械播种，播种覆土厚度一般为2~3厘米。种子萌芽后，适时采取松土、除草、施肥、灌溉、防治病虫害等管理措施。

2.扦插育苗

扦插育苗用的穗条应采自30年生以下母树上的1~3年生枝条，于秋末冬初落叶后采条，或于春季扦插前5~7天采条。

将枝条剪成15~20厘米长的插穗，每一根插穗保证有3个以上的饱满芽，上切口为平口(有顶芽者不截)，下切口为马耳形、长1.5~2.0厘米。将插穗捆扎，下端对齐，用适当浓度的生长调节剂浸泡。

在3—4月进行扦插，扦插前对基质或土壤进行药剂消毒。扦插时，地面露出1~2个芽，盖土压实，株行距为10厘米×20厘米或10厘米×30厘米。扦插后，要保持空气湿度，适时进行遮阴、追肥、病虫害防治等。

3.嫁接育苗

选择树龄30~50年的优良品种作为采穗母树，以树冠外围、中上部、向阳面的1~3年生枝条作为接穗。除绿枝嫁接要求随采随接外，其他枝接最好在发芽前10~20天采集。采集后，将枝条剪成15~20厘米长、带3~4个芽的枝段，下部插入干净的水桶，使其吸水充足，然后以30~50枝扎成一捆，下端三分之一埋放在室内通风的湿沙中贮藏。

银杏从萌芽后至秋季落叶前，只要条件许可，均可进行嫁接，但以春季为主。

五 林木培育

1.果用林栽培

以收获银杏种核为经营目的的银杏林被称为银杏果用林。一般来说，采用银杏实生苗进行造林的，需20年左右的时间才能开花结实；但如果采用嫁接苗造林，则能实现5年开始结实，7~10年达到丰产。

(1)适地适树

选择造林地时应注意以下几点：

①地势空旷，阳光充沛；

②土层深厚，质地疏松，排水良好；

③地下水位低于2.5米；

④大于等于10℃的有效积温在4000℃以上，无霜期195~300天，年降水量600~1200毫米；

⑤土壤 pH 为6.5~7.5。

（2）良种壮苗

选择产量高、品质好、商品性强的优良品种造林。选用嫁接大苗或以实生大苗为砧木，一般以3~5年生、地径3厘米以上的苗木为栽植材料，要求苗木生长健壮、根系健全发达、无病虫害。

（3）栽植密度

生产上，常采用营造乔干稀植丰产林作为果用银杏栽培模式。株行距一般采用4米×6米、6米×6米、8米×8米等，定干高度一般在80厘米以上。若管理措施得当，4~5年能结实，后期产量较高，且管理方便。在结实之前，还可进行间作，增加前期经济收入。

矮干密植早实丰产林栽植密度大，为625~1250株/公顷（株行距2米×4米、4米×4米），在加强抚育管理的情况下，栽植后3~4年可开始结实，5~6年就有较高的产量。这种密植林主干低，密度高，可以充分利用地力，提高光能利用率，提早结实，增加早期单位土地面积种核产量。

（4）细致整地

在地势平缓造林地，应实行全面整地。整地前，撒施腐熟的厩肥，结合整地，与土壤混匀。整地后，按预定的株行距挖种植穴。种植穴规格一般为60厘米×60厘米×60厘米，大规格苗木还应增加种植穴的规格。

（5）栽植方法

栽植前，对根系进行适当的修剪。修根要适当，只要不过长，即可不必修剪。苗圃起苗后需加强保护，以减少失水，防止茎、叶、芽的折断和脱落，避免运输中发热、发霉。在土壤湿润的地方，应尽量浅栽，根颈稍高于地面，不使根系裸露便可。在干旱的地方，可适当深栽。要注意使侧根分层舒展开，舒展一层则紧压一层土壤，避免伤根。栽植后，浇透水一次。

（6）抚育管理

①松土除草。在幼林阶段，每年中耕结合除草4~5次。建园初期，苗木

根系分布浅，松土不宜太深，随幼树年龄增大，可逐步加深。土壤质地黏重、板结或幼林长期失管，可适当深松；特别干旱的地方，可以深松。松土要遵循里浅外深，树小浅松、树大深松，沙土浅松、黏土深松，土湿浅松、土干深松的原则。一般松土除草的深度为5~15厘米，深松时可增大到20~30厘米。

②施肥。掌握“两长一养”的施肥要领，即长叶肥、长果肥和养体肥。长叶肥和长果肥为追肥，一般用化肥。养体肥为基肥，应施用优质的有机肥料。长叶肥多在早春3月，即谷雨前后施。施肥量的依据为前一年的种核产量，每产100千克种核施5~10千克尿素。多产多施，少产少施。长果肥多在7月以前施，肥料为速效肥料。养体肥多施于9月以后，在采果之后即施，以腐熟的有机肥料为主，适当混合一定量的过磷酸钙，施肥量可按当年果实产量的4倍确定。

③间作。合理间作可使银杏的生长量提高30%以上，效益提高40%以上。间作的作物除粮食作物外，还有绿肥作物、蒿草、蔬菜、药用植物等。间作过程中，要以树为主，以间作物为辅。

④整形修剪。银杏的树形要根据栽培目的来确定。一般来说，以结实为目的的银杏多采用矮干、无中心主干开心形，以果材两用为目的的银杏大多采用有主干分层形、自然圆锥形和有主干无层形等高干树形。

⑤促花促实。有些生长势较好的银杏营养生长旺盛，进入结实期迟。为加速银杏进入开花结实阶段，可采取适宜促花、促实措施，包括刻伤、环剥、环割、纵伤、倒贴皮等。

⑥疏花疏实。有些银杏树由于开花结实多，营养过度消耗，造成树体生长势减弱甚至死亡。在大年采用疏花、疏实措施，可以避免树体营养过度消耗，减少大小年现象的发生。

⑦人工辅助授粉。银杏雌雄异株，靠风力传粉。授粉的效果除受花粉

质量本身的影响外，还受各种气象条件的限制，如降雨、风力、风向等，因此易出现授粉不均、授粉不良的现象，从而导致核用园种核产量低，大小年现象严重，品质差。为了确保高产、稳产、优质，果用林中应采取人工辅助授粉措施。

⑧保花保实。银杏授粉后，由于多方面的原因，在5月上旬至6月上旬及7月上旬会出现落实现象。为了减少落花落实，应采取及时追肥、改善立地条件、合理负载、及时防治病虫害等措施。

2.叶用林栽培

以收获银杏叶为经营目的的银杏林称为银杏叶用林。

(1)造林地选择

银杏叶用林应建立在交通方便、地势平坦、阳光和水源充足、排水良好、土壤深厚肥沃的地方。有条件的地方，可安装喷灌系统，特别要注意完善排水系统，确保雨季或大雨来临时不会长时间积水。

(2)品种选择

银杏叶片中有效药用成分的含量因品种、产地、树龄、性别、采叶时间、采叶部位、加工方式及实生苗与嫁接苗的不同而有差异。不同银杏品种的生长情况也不一致。宜选择叶片产量高、药用成分含量高的品种作为叶用林造林。

(3)栽植密度

依据立地条件及作业方式确定栽植密度。在土壤瘠薄、立地条件较差的地方宜密一些，而在肥沃的平原可稀些，一般株行距为40厘米×50厘米、40厘米×60厘米或60厘米×60厘米等。

(4)抚育管理

①施肥。采取“四季施肥，少量多次”的原则。养体肥在采叶后即施用，一般在9月底至10月施入，最晚不得迟于10月中下旬，以有机肥为主。枝

叶肥一般在5月中下旬施用，壮叶肥一般在7月下旬至8月上旬施用。

②灌溉与排水。根据当地气候条件和银杏对水分的需求适时灌溉，使土壤含水量为田间最大持水量的70%左右。当土壤含水量低于田间持水量的40%时，要引水灌溉。在灌溉过程中或大雨来临时，切忌土壤积水，应适时排干。

③修剪。实行矮林作业能提高叶片产量和叶片有效成分含量。一般当年栽植不截干，第二年可进行截干，截干高度在30厘米左右为宜，以后隔年截一次。修剪时，注意剪去发育较差的细弱枝，留4~5根粗壮枝。

3.用材林栽培

(1)造林地选择

为了达到速生、丰产、优质的用材林培育目标，应选择土壤条件较好的造林地，具体选择标准包括：

①有良好的物理性状；

②在生长季节有足够的水分；

③具有一定的土壤肥力；

④土壤通气良好；

⑤无积水。

(2)造林

选择速生、丰产、优质的银杏用材林品种。一般情况下，银杏雄株的生长速度超过雌株，因此用雄株营造用材林是更好的选择。株行距以3米×3米、4米×4米、4米×5米等较为合适。

采用生长健壮、树形良好、有较完整根系、无病虫害的大苗进行造林。银杏用材林的栽植必须用大穴，原则上应采用60厘米×60厘米×60厘米的规格。栽植后要适时采取施肥、灌溉、间作和修枝等抚育措施。

第二节 金钱松

金钱松（图5–2），松科金钱松属树种。

图5–2 金钱松

一 形态特征

1.树型

落叶乔木，高达60米，胸径1.5米。树干通直，树皮粗糙，呈灰褐色，裂成不规则的鳞片状块片，树冠呈宽塔形。

2.枝叶

金钱松树枝平展，1年生长枝呈淡红褐色或淡红黄色，无毛，有光泽，2~3年生枝呈淡黄灰色或淡褐灰色，稀淡紫褐色，老枝及短枝呈灰色、暗灰色或淡褐灰色。矩状短枝生长极慢，有密集成环节状的叶枕。叶条形，柔软，镰状或直，上部稍宽，长2~5.5厘米，宽1.5~4毫米（幼树及萌生枝之叶长达7厘米，宽5毫米），先端锐尖或尖，上面绿色，中脉微明显，下面蓝绿色，中脉明显，每边有5~14条气孔线，气孔带较中脉带为宽或近于等宽。长枝之叶辐射伸展，短枝之叶簇状密生，平展成圆盘形，秋后叶呈金黄色。叶在长枝上螺旋状排列，散生，在短枝上簇生状，辐射平展呈圆盘形，线形，柔软，长2~5.5厘米，宽1.5~4毫米，上部稍宽，上面中脉微隆起，下面中脉明显，每边有5~14条气孔线。

3.花

雄球花簇生于短枝顶端，具细短梗，雄蕊多数，花药2，药室横裂，花粉有气囊。雌球花单生短枝顶端，直立，苞鳞大，珠鳞小，腹面基部具2倒生胚珠，有短梗。

4.果

球果呈卵圆形或倒卵圆形，长6~7.5厘米，直径4~5厘米，成熟前呈绿色或淡黄绿色，熟时呈淡红褐色，有短梗。中部的种鳞卵状披针形，长2.8~3.5厘米，基部宽约1.7厘米，两侧耳状，先端钝有凹缺，腹面种翅痕之间有纵脊凸起，脊上密生短柔毛，鳞背光滑无毛。苞鳞长是种鳞的1/4~1/3，卵状披针形，边缘有细齿。种子呈卵圆形，白色，长约6毫米，种翅三角状披针形，淡黄色或淡褐黄色，上面有光泽，连同种子几乎与种鳞等长。

二 生物特性

1.物候期

金钱松花期为4月，球果10月成熟。

2.生境

金钱松生长较快，喜温暖，多雨，土层深厚肥沃、排水良好的酸性土山区。在海拔100~1500米地带散生于针叶树、阔叶树林中。

三 经济价值

金钱松树姿优美，叶在短枝上簇生，辐射平展成圆盘状，似铜钱，深秋叶色金黄，极具观赏性，是珍贵的观赏树木之一，与南洋杉、雪松、金松和北美红杉合称为世界五大公园树种。

金钱松木材纹理通直，硬度适中，材质稍粗，性较脆，可做建筑、板材、家具、器具及木纤维工业原料等用材。树皮可供提制栲胶，也可做造纸胶料。金钱松的种子可榨油;根皮可药用,可治疗食积,还有抗菌消炎、止血、治疥癣瘙痒和抑制肝癌细胞活性等作用。

四 苗木繁育

金钱松可采取播种育苗。因其为菌根性树种,宜在海拔500米左右的山地建立永久性育苗基地,或在土内有菌的林间育苗。平原和丘陵地区可选择比较荫蔽的地方作为苗圃。于2月上旬至3月上旬播种,播前将种子放入40℃温水中浸一昼夜。条播或撒播,播种密度12千克/亩。播后用有菌根的土覆盖,以不见种子为度,上盖稻草或其他覆盖物,通常20天后发芽出土,之后要及时揭草。苗期需半阴环境,在晴天可喷波尔多液预防病害。幼苗期因不耐干旱,水肥管理要跟上。在林间育苗可以不采取遮阴措施,但6—8月应设遮阴棚遮阴,以降低土表温度,并保持苗床湿润,以利于菌丝繁殖,促进苗木生长。9月前后,进入旺盛生长期,要加强管理,促使苗木快速生长。在正常管理下,当年生苗高有10~15厘米。金钱松起苗移栽应多带宿土,随起随栽,并保持根部湿润。

五 林木培育

1.造林地选择

金钱松喜湿润的气候条件,要求深厚肥沃、排水良好的中性或酸性沙质壤土。金钱松不耐干旱,也不适应盐碱地及长期积水地。因此,造林地宜选避风向阳、土层深厚、排水良好的山谷、山坳和山脚地带。

2.整地

采用块状或穴垦整地,栽植穴面积不小于50厘米×50厘米,深度不小于20厘米。

3.植苗造林

于冬季落叶后至第二年萌发前造林，宜用2~3年生苗木造林，造林密度为3000~3600株/公顷，株行距1.7米×1.7米或1.5米×2米。

4.抚育与间伐

金钱松初期生长比较缓慢，可结合间种、套种，每年劈草松土抚育2~3次。抚育时，不宜打枝，一般5~6年即可郁闭。郁闭后，每隔3~4年进行砍杂、除蔓1次。

金钱松造林12~15年后，林分郁闭度为0.9以上、被压木占总株数的20%~30%时，可进行适当间伐。

采用下层抚育间伐的方式，第一次间伐强度为林分总株数的25%~35%，保留120~160株/亩。也可将幼树挖出移植，供观赏绿化栽植使用。以后间伐强度为20%~30%，间伐后林分郁闭度不小于0.7，间伐间隔期为10年左右。培养大径级用材，可在生长20~25年时再间伐1次，保留60~80株/亩。

5.采伐更新

金钱松速生丰产林主伐期为30年，一般林分主伐期为30~50年。金钱松无萌芽更新能力，种子天然更新能力在天然林中表现也很差，因此要采取人工更新造林。

第三节　红豆杉

红豆杉（图5-3），红豆杉科红豆杉属树种。

一 形态特征

1.树型

常绿乔木，高达30米，胸径为60~100厘米。

2.枝叶

图5-3 红豆杉

树皮呈灰褐色、红褐色或暗褐色，裂成条片脱落。大枝开展，1年生枝呈绿色或淡黄绿色，秋季变成绿黄色或淡红褐色，2~3年生枝呈黄褐色、淡红褐色或灰褐色；冬芽呈黄褐色、淡褐色或红褐色，有光泽，芽鳞三角状卵形，背部无脊或有纵脊，脱落或少数宿存于小枝的基部。叶排列成两列，条形，微弯或较直，长1~3厘米，宽2~4毫米，上部微渐窄，先端常微急尖，稀急尖或渐尖，上面呈深绿色，有光泽，下面呈淡黄绿色，有两条气孔带，中脉带上有密生均匀而微小的圆形角质乳头状突起点，常与气孔带同色，稀色较浅。

3.花

雌雄异株，球花单生叶腋。雄球花淡黄色，雄蕊8~14枚，花药4~8。

4.果

种子生于杯状红色肉质的假种皮中，间或生于近膜质盘状的种托（未发育成肉质假种皮的珠托）之上，常呈卵圆形，上部渐窄，稀倒卵状，长5~7毫米，径3.5~5毫米，微扁或圆，上部常具二钝棱脊，稀上部三角状具三条钝脊，先端有突起的短钝尖头，种脐近圆形或宽椭圆形，稀三角状圆形。

二 生物特性

1.物候期

红豆杉花期为4月，果实成熟期为8月中旬至10月上旬。

2.生境

红豆杉为典型的耐阴树种，常生于海拔1000~1200米的高山上部，处于林冠下乔木第二、三层，常见散生，极少数呈团块状分布。

三 经济价值

红豆杉是重要的经济林（木本药材）树种，提取的紫杉醇及其衍生物是抗癌药物之一。红豆杉树体中，其树根、皮、茎、叶、种子均可入药，具有理气、通经、止痛之功效。种子含油率达60%，具有极高的开发利用价值。

红豆杉树形优美，高大通直，端庄美观，枝叶繁茂多姿，病虫害少，是优良的庭园树种。

木材细密，心材呈橘红色，边材呈淡黄褐色，纹理直，结构细，坚实耐用，干后少开裂，切面光滑，耐腐蚀。木材组织的色调和排列形成很别致的花纹，是上等家具、工艺雕刻、特种装饰和镶嵌的珍贵用材。

四 苗木繁育

1.种苗培育

（1）采收与调制

红豆杉种子成熟期差别较大，8月中旬至10月上旬成熟的都有，即使在同一株或一枝上的种子,成熟时间也会有先后,因此采摘时应注意分批进行。其果熟特征极为明显,假种皮呈肉质杯状、饱满多汁并为鲜红色,汁液具有甜味时种子即充分成熟。如果在采摘时种子即与苞片分离,那么种子就是成熟的,这是辨别红豆杉批量种子是否成熟的重要特征。

种子采摘后,可自然堆放3~5天,让其发酵腐烂,然后充分揉搓使假种皮分离,接着以清水冲洗漂除杂质、空粒,滤出纯净的种子。种子滤净后,在阴凉处晾干其表面水分,切忌暴晒和高温干燥。红豆杉安全含水率为19.4%。

(2)贮藏与催芽

种子催芽最安全、发芽率最高的方法是沙藏催芽。晾干后的种子用湿沙层积埋藏在背阴干燥处,河沙湿度以手搓可以成团、但不出水为宜。上面覆盖塑料膜及草帘。每月翻动种子2次,到第二年3月初即可播种育苗。

(3)苗圃地选择

根据红豆杉的生物学特性及育苗要求,选择肥沃的轻壤质土壤,在具有良好的灌溉条件而又不会积水的地段,可以用有机肥与腐殖质土进行混拌以改良土壤。为防止苗木遭受虫害及苗木猝倒病,避免选用前作为茄科作物的菜地作为苗圃地。

在育苗前14~30天整地,深翻土壤使其充分暴晒,并做到耕实耙透,达到松、平、匀、碎的要求。若土壤黏性重、结构较差,可在土壤中加入适量的锯末或煤渣、腐熟的农家肥等,以改良土壤结构,增加其透气性。作床前施入基肥(农家肥)3.5千克/公顷,撒施磷肥150~187千克/公顷,并将肥料翻入苗床内。苗床高20~30厘米、宽1.0~1.2米,步道宽30~40厘米。

(4)土壤消毒

播种前进行严格的土壤消毒,可有效预防猝倒病的发生。可采用烧土法或杀菌剂处理。

（5）播种

播种方式可采用条播或撒播。条播时播种密度为20千克/亩，撒播时播种密度为30千克/亩。条播是开浅沟，沟深3厘米、沟距20厘米，覆土厚度1.0~1.5厘米。撒播是将种子均匀撒在整理好的床面上，然后用木板加以镇压，再覆土1厘米厚。播种后，床面覆盖松针，浇透水，再搭建小拱棚并覆盖塑料薄膜。

（6）苗期管理

4月初气温升高，幼苗出土约40%后选择阴天或晴天傍晚揭去覆盖物，及时搭设遮阳率70%遮阳网，到苗木速生期时改为50%遮阳网，直至苗木速生期结束后选择阴雨天揭去遮阳网。

从幼苗真叶展开后开始追肥。6月以施氮肥为主，每隔半个月施一次浓度为0.1%~0.2%的尿素溶液，施肥2次。7月以施磷肥、钾肥为主，每隔半个月施一次浓度为0.2%~0.5%的磷酸二氧钾溶液，施肥2次。8月停止施肥，促使苗木木质化。

在苗木生长前期，做好除草松土工作，改善土壤通气条件，防止杂草滋生影响幼苗生长。

播种后和幼苗期要适时喷水，防止种子幼苗失水和土壤板结。30℃以上高温天气要及时喷水，并加大喷水量，做好保湿降温工作。9月以后减少浇水次数，促进苗木木质化。

冬季可在苗床地表覆盖一层熟土，到土壤封冻时灌足冬水，7天后再灌1次效果更佳。入冬时可在苗木基部覆盖2~3厘米厚的稻草进行越冬保护。

（7）裸根苗培育

播种苗留床培育或经移植在地培育，出圃时挖起即为裸根苗。培育1.5年生苗木，留床或移植株行距为10厘米×10厘米，产苗3万株/亩。培育2

年生苗，株行距为15厘米×15厘米，产苗2万株/亩。留床或移植苗管理，半年生以前应用70%~90%遮阳网遮阴，半年后撤去遮阳网。出圃前3个月，停肥减水，进行炼苗。

2.插苗培育

（1）扦插季节

春季和秋季均可扦插。其中，秋季扦插适宜于气候偏热的地区。春季扦插在枝条尚未萌发的早春进行，秋季扦插在新梢部分开始木质化、枝条进入休眠的秋末冬初进行。

（2）穗条采集

从生长健壮、无病虫害的幼龄植株上采集穗条，尤其是靠近树干基部、树冠中下部外围的枝条，以及根际附近或往年已采枝、干部萌生的顶生枝、干部的新萌生枝、健壮的侧生枝。穗条的年龄应为1~3年生，1年生穗条应充分木质化，3年生以上的穗条不予选用。穗条直径大于2毫米，从穗条采集到扦插的间隔时间不超过48小时。

（3）插穗的制作

穗条采集后，在阴凉处制作插穗。制作方法是，将其剪成数段作为插穗，每段长15~20厘米，要求下切口为斜口（呈马蹄形）、上切口为平口，同时摘除下端1/3~1/2段的枝叶、上端留1~3个侧枝或侧芽（侧枝应截顶，无侧枝、侧芽时保留叶片即可）。插穗在一定浓度（50~1000毫克/ 升）的生根药剂（吲哚丁酸、萘乙酸、ABT2号）溶液中处理后扦插，浸泡时间视具体浓度而定，在低浓度溶液中的浸泡时间为3~8小时。

（4）扦插基质

扦插基质可选用河沙、锯末、珍珠岩、黄土、腐殖土、蛭石、田园土、森林表土等。其中，以锯末、珍珠岩、沙土混合的基质扦插成活率较高。

（5）扦插技术

扦插前，苗床上洒水使土壤松软湿润，采用直插式。扦插后，将插穗周围的土压实，使插穗直立，再次对苗床浇透水。适宜采用的株行距为4厘米×8厘米或5厘米×10厘米，扦插深度为5~8厘米。

（6）插后管理

插穗生根过程中，温棚内空气的相对湿度宜保持在80%以上。当床面土壤发白呈干燥状时，选择早、晚时间适当浇水（或喷水）保持土壤潮湿，但忌苗床积水。密封的棚内如果每日早晨和下午有水珠凝结于拱膜，则不必浇水。其次，保持温度在25~30℃，温度低于25℃时应封闭棚门保温，超过30℃应采取降温措施。同时还要采取良好的遮阴措施，防止阳光直射插穗，使遮阴度在75%~90%范围内，早、晚能照射到阳光的温棚侧面也应遮阴。此外，温棚内环境阴湿，易发生苔藓类真菌侵染，引起插穗落叶或影响土壤透气。出现真菌侵染时，可隔一段时间掀开膜晒1~2小时，增加通风时间或用消毒药剂处理。插穗开始萌芽时，叶面喷施0.3%的尿素+0.2%磷酸二氢钾溶液实施叶面追肥，每15天追肥1次。

插穗生根后，土壤水分应相对减少，忌过湿、过干，逐步增加通风换气的时间及次数。插穗大量生根后应加强追肥，追肥应以有机肥为主，适当施用无机肥。

3.容器苗培育

容器苗培育为两段式：第一段是芽苗培育，以种子在苗床进行密播。第二段是幼苗长至3~4厘米高时移入容器进行培育，采用8厘米×12厘米或10厘米×15厘米的容器。移植前先搭建遮阳率75%~80%的遮阳网，移苗时应先在容器的中心位置打小孔，然后把芽苗小心插入其中，再用竹签从芽苗旁边插入并挤压，使芽苗与土壤充分接触，移后及时浇定根水。培育半年后，逐步撤网炼苗。培育期间每月追肥1次，直至出圃前3个月停止。容器内的杂草一旦长大就很难拔除，对幼苗生长影响极大，因此对杂草应除早、除小、除了。

五 林木培育

1.造林地选择

红豆杉造林地宜选择在地势平缓、土层深厚肥沃、近水源缓坡地的中下坡或山谷的阴坡，也可选在密度小的幼林下造林。

根据气候条件、土地资源状况等，因地制宜地选择种植模式。

（1）密集型种植

在水源条件好、土壤疏松肥沃、肥源充足、耕地资源丰富的情况下，需要集约经营、尽快产出原料的，或在幼林期全光下难以正常生长，需要集中遮阴、灌溉等管理的，宜选择密集型种植营造原料林基地。

（2）常规造林

在气候温暖湿润、降水丰富、苗木在全光下能正常生长的山地，或土壤湿润、植被良好、林分郁闭度0.5~0.6的林地，可选择常规造林方式营造红豆杉原料林。

2.林地整理

拟采用密集种植模式（茶园式密植化种植模式）造林的，采用带状整地。即沿等高线开挖水平沟，宽60厘米、深50厘米，相邻两沟的中心水平距离为0.8~2.0米。挖沟时，上层表土移至坡上一方堆积，生土移至坡下一方。提前30~60天开挖，挖后充分露晒。定植前，先施入充足的有机肥料做基肥，并加入表土拌匀，再依据熟土在下、生土在上的原则将土壤回填至沟满凸起。

拟采用常规造林模式造林的，可采用穴状整地。根据设计的株行距开挖定植穴，穴的规格一般为40厘米×40厘米×40厘米。然后，每穴施5~10千克腐熟的圈肥，与表土拌匀后，依据熟土在下、生土在上的原则将土壤回填至坑满凸起。

3.造林季节

采取密集种植模式造林，且有水源与灌溉条件保障，并可为苗木提供人工遮阴时，可以选择春季或秋季造林。裸根苗选择早春或晚秋季节栽植，容器苗在春季、雨季栽植。冬季有雨、多雾、气候湿润的地方可选择冬季栽植，山地常规造林模式应选择雨季栽植。

4.造林密度

（1）茶园式密集种植模式

以尽早、更多地获取枝条为目的的茶园式密集种植模式，可采用带状双行种植，行间距0.8~2.0米，株距30~50厘米。可单独采用实生苗或扦插苗种植，也可以将实生苗与扦插苗混交种植，矩形配置或“品”字形配置。自定植第二年开始，配合整形进行剪枝收获。

（2）常规造林模式

在山地或林下造林，以1米×1米、1米×2米、2米×2米或2米×3米等的株行距定植，矩形配置。林冠下造林模式选择气候湿润、适合红豆杉生长的林地，按一定的株行距挖穴定植，将红豆杉定植于林冠下。定植后，通过适时除草、松土、施肥等进行抚育管理，林木达到适采林龄后采摘枝叶为原料。

5.抚育管理

不同的种植形式，其修剪、整形、疏伐要采取不同的措施。对密植方式，第二年就可开始修剪整形，生产一部分枝条原料，第三年开始可以低位截干的收获方式进行大量采收。采收之后均要松土中耕、追施肥料，促进林木恢复生长。规模式造林后1~2年可以间种豆类、药材等，以耕代抚，既可提高经营集约度，又可带来附加收入。

第四节　榧树

榧树（图5-4），红豆杉科榧属树种。

图5-4　榧树

一　形态特征

1.树型

乔木，高达25米，胸径55厘米，树皮呈淡黄灰色、深灰色或灰褐色，不规则纵裂。

2.枝叶

1年生小枝为绿色，2~3年生小枝为黄绿色、淡褐黄色或暗绿黄色，稀淡褐色。叶线形，通常直，长1~2.5厘米，宽2.5~3.5毫米，先端凸尖成刺状短尖头，基部圆或微圆，上面呈光绿色，中脉不明显，有2条稍明显的纵槽，下面呈淡绿色，气孔带与中脉带近等宽，绿色边带与气孔带等宽或稍宽。

3.花

榧树雌雄异株，很少同株。雄球花单生于叶腋，呈椭圆形或卵圆形，有短梗，具8~12对交叉对生的苞片，呈4行排列。雌球花无梗，2个成对生于叶腋，每个雌球花具2对交叉对生的珠鳞和1枚侧生的苞鳞，具胚珠1个，直立生长于漏斗状珠托上。通常情况下，仅有1个雌球花发育，受精后珠托增大发育成肉质假种皮。

4.果

核果，外被肉质假种皮，绿色，成熟时呈淡黄色、暗紫色或紫褐色，外有白粉。种子呈椭圆形、卵圆形、倒卵形或长椭圆形，长2~4.5厘米，直径1.5~2.5厘米，顶端有小凸尖头，胚乳微皱。

二 生物特性

1.物候期

榧树花期为4月，果实成熟期为第二年10月。

2.生长环境

榧树对地质土壤条件适应性较广，适宜的土壤类型以红壤、黄壤为主，在有机质丰富、疏松，质地由沙壤到轻黏，pH 5.2~7.5的土壤上生长发育良好。

三 经济价值

榧树是我国特有的珍稀树种，具有生长慢、结实迟、寿命长等特性，主要生长在我国东南至西南中部地区。作为优良的用材林树种，其木材边材呈白色，心材呈黄色，纹理直，结构细，硬度适中，有弹性，有香气，不反挠，不开裂，耐水湿。种子为著名的干果(香榧)，果实营养丰富，富含脂肪油、蛋白质、糖类和氨基酸，具备多种药用功效，具有一定的降血脂和降低血清胆固醇的作用，并可调节老化的内分泌系统，同时还具有一定的抗菌、抗癌作用，是品质优良的果中珍品。

四 苗木繁育

1.播种育苗

种子需经过生理后熟才具发芽能力。其发育过程比较特殊，自然成熟时，种胚的子叶特别发达，下胚轴很短，根冠没有明显的组织分化，需经3个月以上贮藏，达到生理成熟后才能发芽，而发芽条件包括温度、湿度和通气性及三者之间的协调。因此，种子催芽必须掌握以下环节：一是种子必须充分成熟，应在假种皮大量开裂、部分种子脱落时采种。二是采下的种子堆放于阴凉的室内，待大多数种皮开裂时，脱去假种皮，用水洗净，浮去空籽，堆放在阴凉处，上覆湿稻草保湿，堆厚20~30厘米。三是在种子催芽前一定要防止种子干或一干一湿。催芽时间以10月下旬至11月中旬为宜，12月以后催芽效果很差。四是采用双层塑料棚下湿沙层积催芽，在催芽期保持沙的湿度为9%左右，棚内最高温度不低于20℃，保持通气良好，层积的层数不超过2层。五是种子胚根露出到1.5厘米长以内播种为好，所以要分期播种。4月中旬不发芽的种子集中沙藏，下半年播种。通过采取以上措施，种子当年发芽率可达80%。

2.容器育苗

容器苗具有造林成活率高、造林不受季节限制等优点，且缓苗期短、保存率高。营养土应多放有机肥，pH保持微酸性至中性。经催芽的种子，待种壳开裂、胚根伸出至长2厘米以内时是最佳的播种时机。一般现装土现播种，覆土厚2厘米。为防止容器内土壤下沉，装土应略高出容器，呈馒头形。移苗时，先将根系完整的苗木置于容器内，一边填土一边摇动容器，再上提苗木至其主根颈处低于容器土表1厘米左右，并使根与土密切接触。

3.扦插育苗

扦插育苗是苗木繁育的重要途径，不仅能保持果用母树的优良性状，矮化树冠，提早结果，还能缩短苗木留圃时间，节省成本。

(1)插穗的选择与处理

选取20~30年生、发育健壮、生长旺盛、无病虫害的优质植株，剪取当年生枝，插穗以长度15~20厘米、粗度0.3厘米以上为宜。除去下部二分之一的小叶，用ABT6号对其进行处理，提高扦插的成活率。

（2）扦插时间

扦插时间选择在7月上中旬，此时新梢发育已基本完成，顶芽也已形成，茎部半木质化，插后35天可见开始出现根系。

（3）作床与扦插

扦插苗床选择土层深厚、排水良好、背阴湿润、pH 6左右的土壤。苗床高20~25厘米，宽1米，扦插的株行距为4厘米×4厘米。扦插时先用圆棒打孔，插好后浇透水，搭塑料小拱棚，再搭遮阴棚，前期湿度控制在95%~100%。

五 林木培育

1.幼林抚育

榧树造林后至开花结实以前这段时间为其幼龄林期，这个时期是榧树营养生长、丰产树体结构形成的重要时期，后期随着树体和叶面积增大，营养物质积累到一定程度，逐渐过渡到开花结实阶段。这个时期要做好以下工作：

（1）确保造林后苗木成活生长

造林1~2年内，一般采用50%~75%的遮光度给幼苗遮阴。冬季造林应在11月中旬前进行，春季造林在早春一、二月土壤解冻后即可进行，9月中旬去除遮阴物。在高温、干旱和强日照的低丘，遮阴时间为2~3年；在海拔400~500米的地方，遮阴时间为1年；在海拔500米以上的山地，如果四周林地植被保存较好，可不遮阴。因此，在对幼林进行抚育时，应尽量保留种植带两侧或种植穴周围的杂草、灌木，或选择玉米、大豆、芝麻等高秆作物套种，造成侧方庇荫。

（2）做好水土保持

造林时，尽量避免采用全垦整地，应在山顶、山腹和山麓分别保留一些块状、带状植被，俗称"山顶戴帽子，山腰扎带子，山脚穿裙子"。阶梯整地带状造林的林分，每年要清沟固坎，保留带间的植被，带外一侧可因地制宜套种茶叶、黄花菜等作物，以保持水土和增加收益。在坡度大的地块采用鱼鳞坑造林的，可从造林的第二年开始逐步清除植株周围植被，在种植穴下垒石坎、移客土，做成水平树盘以保持水土。

（3）构建合理的林分结构

幼龄林期，保障下部枝条先结实，上部枝条斜向生长，以担负增加枝条数量和扩大树冠体积的任务。一般侧枝在结实1~2次后自然脱落。下部下垂枝条，处于光照不良处的榧树，结实一次后一般无力再次结实，如果密度太大，可以适当疏删，以减少营养消耗，改善光照条件，但修剪量不宜过大。另外，对树冠扩展不快的，应保持林分的郁闭度在0.7以内，否则榧树会因光照不足而枝条细弱，尤其对于与速生树种混交的混交林，必须及时调整林分，调节光照条件。

（4）幼林抚育

幼林抚育包括施肥、松土和除草。施肥应多用复合肥，并结合有机肥进行施肥。每年施肥2次，时间分别为每年的3月下旬、9月中旬至10月下旬。此外，每年雨季结束后，应及时进行除草松土。

2.成林抚育

成林抚育是指树体进入结实期，在保证营养生长的基础上，促进结实树高产、稳产和优质的一系列管理措施。

（1）合理施肥

考虑到香榧是干果中含钾量最高的树种，以及酸性红壤上磷的有效性较差等实际情况，氮、磷、钾的配比以4:1:3为宜。同时，要注意酸性土壤中的钙、镁、硼和石灰土、紫沙土(富含钙)中的铁、铜和钴等常量元素和微量元素补充。

(2)保花保果

采用人工辅助授粉是解决香榧林分因雄树不足、分布不均、花期不遇、花期多雨等产生授粉不良而大量落花问题的重要手段。人工辅助授粉的方法有喷粉、撒粉等。

落果主要指受精的幼果在第二年的5—6月开始膨大时脱落，严重的落果率占幼果总数的80%~90%,对产量影响极大。因此,应控制氮肥用量,增加磷肥和钾肥,并采用其他调节生长生殖关系的技术来解决。

(3)老树保护

目前,各地有很多香榧古树,要注重保护,可采取改善立地条件、截干更新(包括留枝、松土和断根等做法)、防腐和补洞等方法。